DIE

JAHRHUNDERTHALLE IN BRESLAU

VON

DR.-ING. TRAUER,
STADTBAUINSPEKTOR IN BRESLAU

UND

PROFESSOR DR.-ING. GEHLER,
EHEM. DIREKTOR DER FIRMA DYCKERHOFF & WIDMANN, A.-G. IN DRESDEN.

Springer-Verlag Berlin Heidelberg GmbH 1914

ISBN 978-3-662-24082-3 ISBN 978-3-662-26194-1 (eBook)
DOI 10.1007/978-3-662-26194-1

(Sonderabdruck aus „Armierter Beton", 1913, Heft 2, 4, 5 u. 6, 1914, Heft 1, 2 u. 3.)

DIE JAHRHUNDERTHALLE IN BRESLAU.

Von

Dr.-Ing. Trauer, Stadtbauinspektor in Breslau,

und Professor Dr.-Ing. Gehler, ehemaliger Direktor der Firma Dyckerhoff & Widmann, A.-G. in Dresden.

Zur Erinnerung an die ruhmreiche Erhebung des deutschen Volkes zum Kampfe gegen die napoleonische Knechtschaft im Jahre 1813 veranstaltet die Stadt Breslau eine Ausstellung, welche die Freiheitskriege im Rahmen der Kunst und Kultur ihrer Zeit darstellen soll. Von den inmitten des prächtigen Scheitniger Parkes nach einem großzügigen Plane errichteten Ausstellungsgebäuden ist das bedeutendste die große Festhalle. Sie ist zugleich als dauerndes Denkmal zur Erinnerung an die große Zeit gedacht und soll eine Stätte für szenische, musikalische und sportliche Veranstaltungen sowie für Feste und Kongresse werden.

Die Festhalle ist ein Werk des Stadtbaurates Berg. Sie besteht aus einem zentralen Kuppelbau von 42 m Höhe und 65 m lichtem Durchmesser, an den sich in den beiden Hauptachsen vier halbkreisförmige Apsiden anschließen, so daß ein von konstruktiven Einbauten freier Raum von 95 m größter Erstreckung in den Hauptachsen und von rd. 5500 qm Fläche geschaffen ist. Diesen Mittelbau umschließen einstöckige Ringbauten, welche die Nebenräume aufnehmen und im übrigen Ausstellungszwecken dienen sollen. Die Eingänge liegen in den Hauptachsen; der westliche, stadtseitige ist als Haupteingang ausgebildet worden und enthält über der Eintrittshalle einen Empfangssaal, von dem aus man zur Kaisertribüne gelangt. Dieser gegenüber wird die Sängertribüne mit einer 200-stimmigen Orgel, dem größten bisherigen Werke erbaut, während in den anderen beiden Apsiden 5 m weit auskragende Balkone ange-

Fig. 1. Fertige Halle.

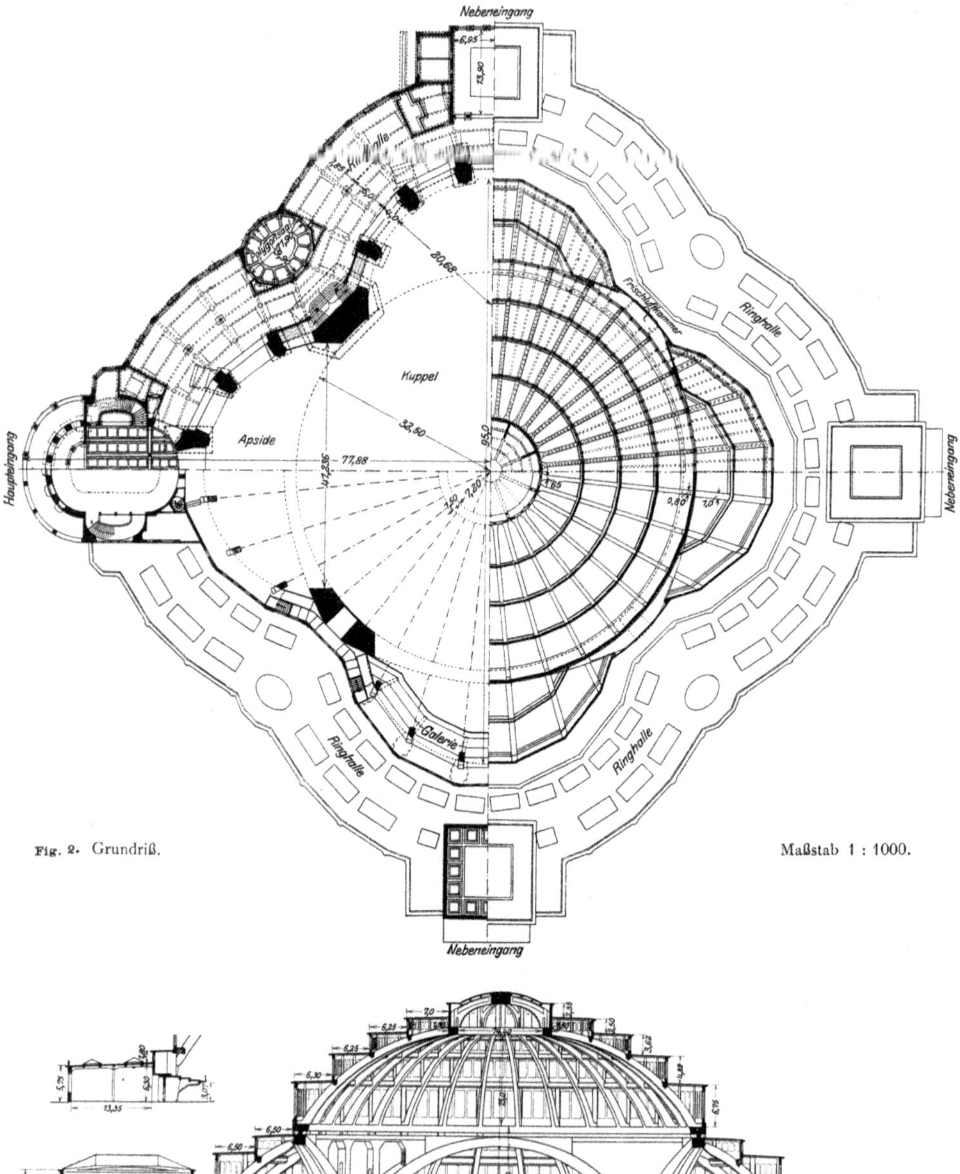

Fig. 2. Grundriß. Maßstab 1 : 1000.

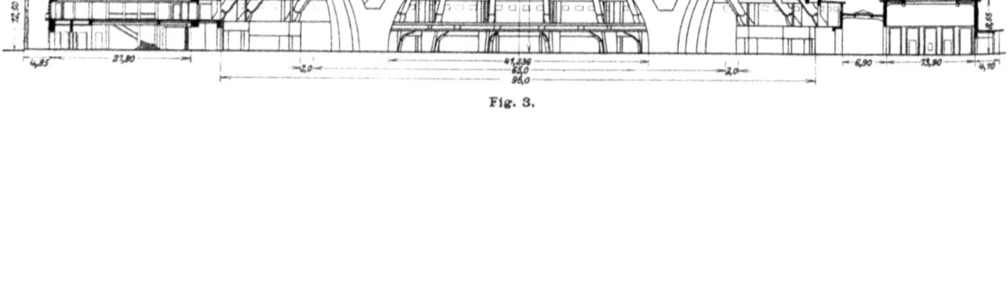

Fig. 3.

ordnet sind. Für die szenischen Vorführungen soll im Innern der Halle noch ein Amphitheater errichtet werden, das rasch aufgestellt und wieder beseitigt werden kann. Die Halle bietet Sitzplätze für fast 6000 Personen oder Stehplätze für annähernd 10 000. Die Kuppel weicht in ihrer Erscheinung wesentlich von den allgemein üblichen Formen ab. Die Raumumschließung wird nicht durch eine Kugelfläche gebildet, sondern durch Abtreppungen aus wagerechten ringförmigen Decken und senkrechten zylindrischen Fensterwänden. Da diese senkrechten Fensterflächen dem Verschmutzen und der Verdunkelung durch Schnee nicht ausgesetzt sind, so sind die Lichtverhältnisse sehr gute. Das gleiche Motiv ist auch bei den Apsiden wiederholt, lediglich die niedrigen Ringbauten erhalten Oberlichte in üblicher Ausbildung.

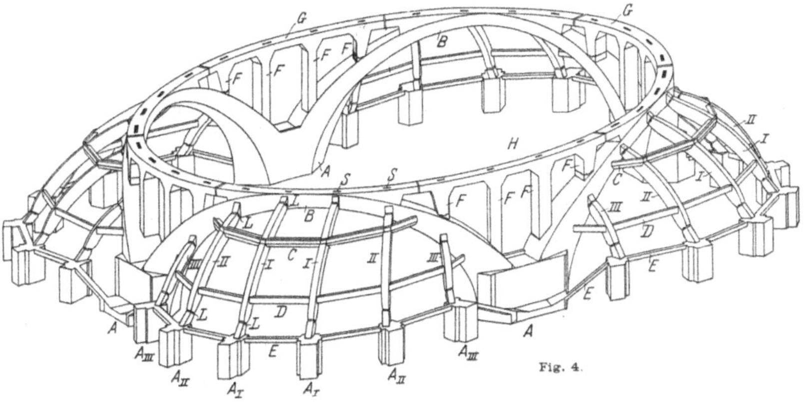

Fig. 4.

TEIL I.

Von Dr.-Ing. Trauer.

Die statische Berechnung.

Wiewohl der raumkünstlerische Gedanke und die Wahl des Traggebildes allein das Werk des Architekten ist, so mußte doch von Anfang an neben die architektonische Bearbeitung die ingenieurtechnische Durcharbeitung treten. Im Gegensatze zu der üblichen Gepflogenheit bei Hochbauten wurde bereits vor der Ausschreibung der Arbeiten von der Bauverwaltung eine umfangreiche Berechnung für die Haupttraggebilde aufgestellt, um die Abmessungen im großen und ganzen festzulegen, die Ausführbarkeit zu erweisen und brauchbare, einheitliche Unterlagen für die Ausschreibung zu schaffen. Die endgültigen Berechnungen der Haupttragteile sind dann im wesentlichen nach den Richtlinien der Bauverwaltung aufgestellt und sind die gemeinsame Arbeit dieser und der ausführenden Firma Dyckerhoff & Widmann, A.-G. in Dresden, der außerdem noch die konstruktive Durchbildung oblag. Die Berechnung, Konstruktion und Ausführung der einstöckigen Ringbauten ist durch die Firma Lolat Eisenbeton, A. G. in Breslau bewirkt worden.

I. Allgemeine Wirkungsweise.

Es stand von vornherein fest, daß bei den ungewöhnlich kühnen Formen und Abmessungen des Bauwerkes das Traggebilde so klar, als es möglich war, ausgebildet werden mußte, und daß ungünstig wirkende statische Unbestimmtheiten durch Einfügen von Gelenken, Trennfugen und durch ähnliche Maßnahmen ausgeschaltet werden mußten. So wurde der Kuppelbau in zwei scharf getrennte Gebilde zerlegt, die eigentliche Kuppel von 65 m l. W. und rd. 23 m Höhe und den rd. 19 m hohen Kuppelunterbau. Das Kuppeltragwerk wird gebildet aus 32 halben Rippen, die sich oben gegen einen Druckring von 14,40 m l. W., unten gegen einen Zugring stützen. Die Kuppel ruht auf dem Unterbau vermittels 32 radial beweglicher Stelzenlager mit Tangentialkippvorrichtung, so daß der Unterbau frei von allen Horizontalschüben bleibt, die beim Ausrüsten und bei Wärmeänderung der Kuppel im Falle einer festen Verbindung mit dem Unterbau auftreten würden. Die Windkräfte werden infolge der radialen Stellung der Stelzen in den Unterbau in tangentialer, also der Richtung übertragen, in der dieser die größte Widerstandsfähigkeit gegen wagerechte Kräfte besitzt. Der Kuppelunterbau ist ein statisch äußerst schwieriges Gebilde und gegen unvorhergesehene Einflüsse ziemlich empfindlich, weshalb außer den reinen Tragteilen noch mehrere wesentlich aussteifende Hilfsglieder angeordnet sind (Fig. 4). Von vier wuchtigen Eckpfeilern A aus steigen vier auch im Grundriß kreisförmig geführte Hauptbogen B von 41,236 m Weite und 16,73 m Pfeilhöhe über den Hallenfußboden empor. Sie stützen sich zur Aufnahme der beträchtlichen wagerechten Kräfte, die infolge des kreisförmigen Grundrisses auftreten, in jeder Apside gegen vier handen, die aber an der Übertragung der Hauptkräfte vermöge ihrer Lagerung nicht teilnehmen können. Zur Erzielung möglichst zentrischer Kraftübertragung sind die Binder I und II an den oberen und unteren Kämpfern mit Stahlkugel-

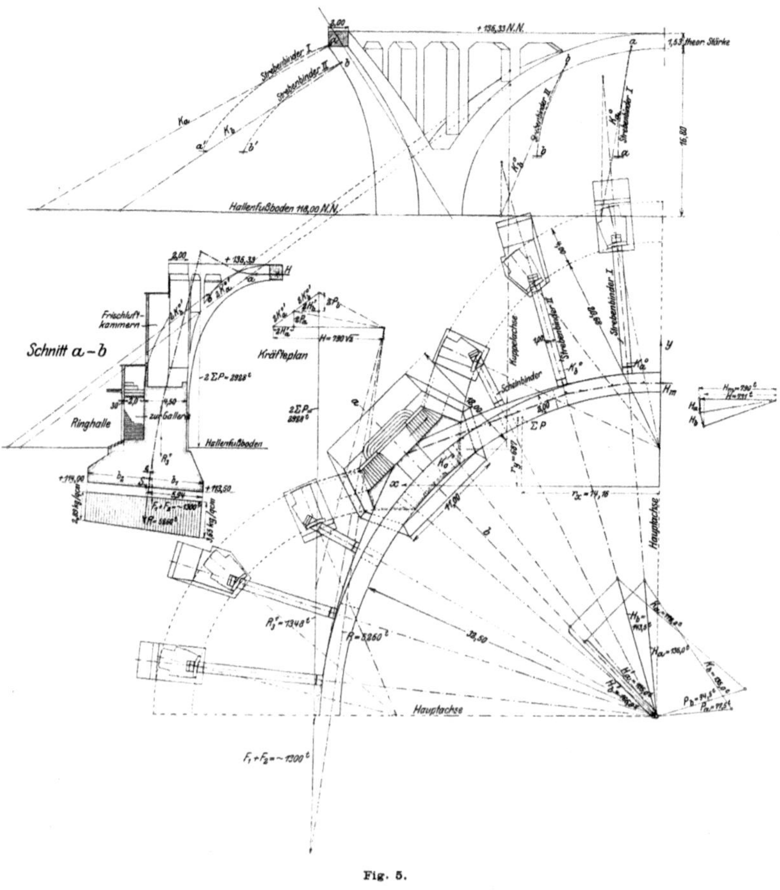

Fig. 5.

Berechnung des Hauptbogenfundamentes.

Strebenbinder I und II, welche in straffer, wenig gekrümmter Linie nach den Strebepfeilern AI und AII geführt sind und die außer den Seitenkräften des Hauptbogens und ihrem Eigengewichte noch die Lasten der Apsidenaufbauten aufzunehmen haben. Außer diesen tragenden Strebenbindern sind aus architektonischen Gründen noch zwei seitliche kürzere Binder III in jeder Apside vorlagern L versehen. Die Knicksicherheit in seitlicher Richtung wird durch eine obere und eine untere Aussteifungsrippe C und D, die auf Vorschlag der Firma eingefügt worden sind, erhöht. Unmittelbar unter den Füßen der Strebenbinder ist in der Höhe des Galerieumganges noch ein Zugband E eingeschaltet, das im Grundriß vieleckig die Strebenpfeiler verbindet und in den vier

Hauptpfeilern verankert ist. Es wird insbesondere dann Kräfte erhalten, wenn alle oder einzelne der Strebenfundamente zu unregelmäßigen Setzungen, namentlich zu Drehungen nach außen neigen sollten. Die Kuppellasten werden durch kürzere oder längere Pfosten F in die Hauptbögen geleitet. Der obere Abschlußring G des Unterbaues in Höhe des Bogenscheitels ist an 8 Stellen durchschnitten, damit er frei von Nebenspannungen beim Ausrüsten und bei Wärmeänderung bleibt und keine radialen Kräfte auf den Unterbau ausüben kann. Die 4 Pfosten über jedem Hauptpfeiler sind zu einem sogenannten Windrahmen H zusammengefaßt, der bei diagonaler Windrichtung den gesamten Winddruck auf eine Kuppelhälfte aufzunehmen hat. Zur Verringerung der Nebenspannungen und zur Vereinfachung des Systems sind die zwei äußeren der 4 Pfosten mit Gelenken auf den Hauptbögen gelagert.

II. Fundamente.

Die Ermittlung der auf das

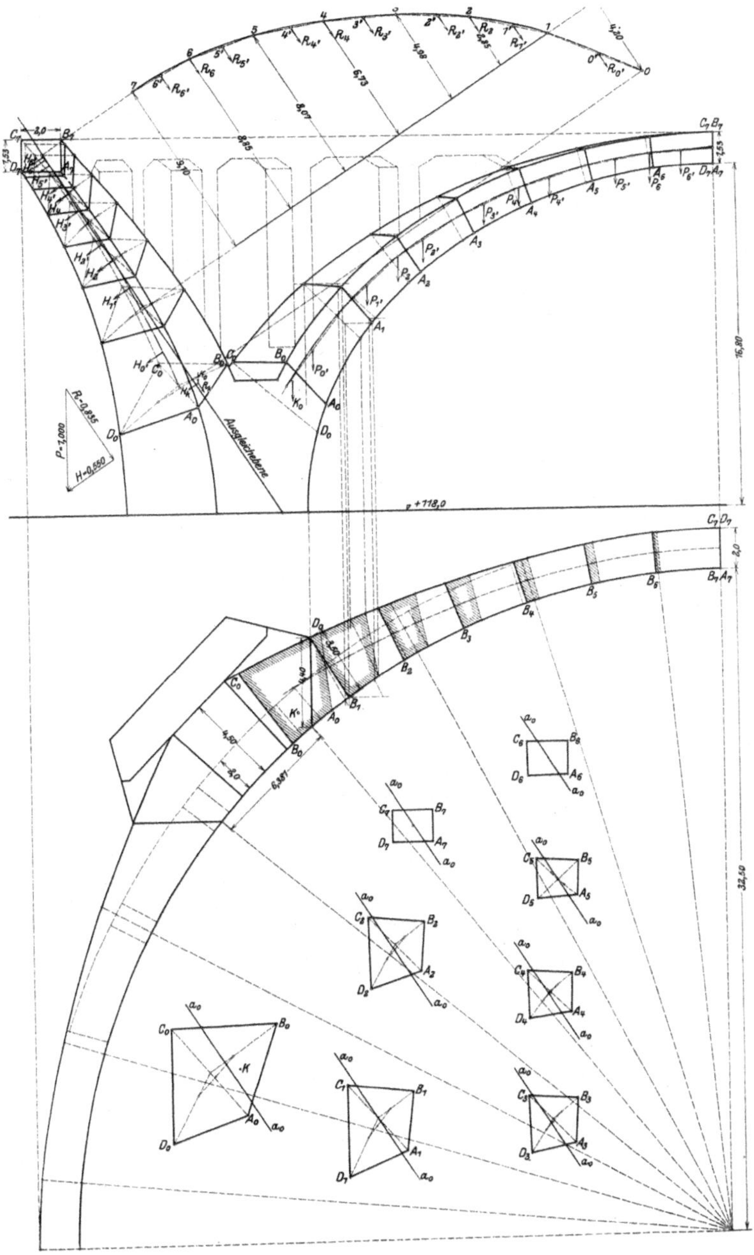

Fig. 6.
Hauptbogen. (Maßstab 1 : 300.)

Hauptfundament wirkenden Kräfte führt zu der Aufgabe, beliebig gerichtete Kräfte im Raume zu einer resultierenden Kraft und einem resultierenden Kräftepaare zusammenzusetzen. Die Lösung ist aber durch die symmetrische Lage aller Kräfte wesentlich vereinfacht. Führt man für einen Quadranten die beiden Hauptachsenschnitte, so wirkt in einem bestimmten Punkte des Querschnittes jedes Hauptbogens und senkrecht zu diesem Schnitte eine bestimmte Bogenkraft H, ferner wirken auf jeden Hauptbogen in den oberen Gelenkpunkten a und b der Strebenbinder die nach Größe und Richtung ebenfalls bekannten Kämpferkräfte K_a^0 und K_b^0 und endlich die senkrechten Lasten P, deren Resultante $\sum P$ ist (Fig. 5). Je zwei symmetrisch gelegene Kräfte lassen sich nun zu einer in der Diagonalebene liegenden Resultante zusammensetzen, so daß man zum Schlusse lediglich Kräfte

III. Hauptbogen und Strebenbinder.

Der Hauptbogen wurde zur angenäherten Festlegung seiner Abmessungen zunächst nach der Stützlinie konstruiert. Die Strebenbinder erhalten dann Horizontalschübe von solcher Größe, daß die Stützlinie des Hauptbogens im Grundrisse polygonal unter möglichster Anlehnung an die Bogenachse verläuft. Die Horizontalkraft jedes Strebenbinders ist mit dessen Lasten zusammenzusetzen, und es ist ferner in dessen oberem Kämpfer noch eine Last von solcher Größe auf den Strebenbinder zu rechnen, daß die Stützlinie in diesem auch durch den unteren Kämpferpunkt verläuft. Diese Last ist von den Lasten des Hauptbogens abzuziehen und vermindert dessen Bogenschub. Unter Annahme nicht zu hoher Betonspannungen wurden hiernach die Abmessungen des Hauptbogens und der Strebenbinder festgelegt, worauf die genaue Berechnung auf folgendem Wege durchgeführt wurde.

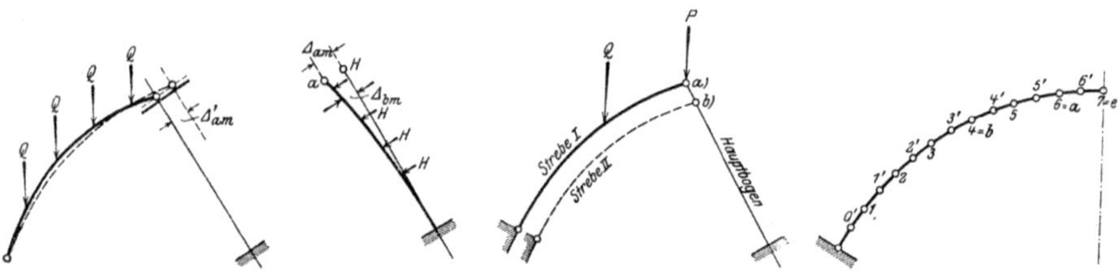

Fig. 7.

in einer Ebene zu der Gesamtresultante R zusammenzufassen hat. Für die Bogenkraft H wurde der Größtwert, der bei Eigengewicht und Wärmezunahme (+ 7,5°) auftritt, eingeführt. Als Bodendrücke ergeben sich 3,65 und 2,89 kg/qcm, also eine nahezu zentrische Belastung.

Die Berechnung der Strebenbinderfundamente bietet insofern einige Besonderheiten, als die Achse der Pfeiler aus architektonischen Gründen nicht mit der Kraftebene der Strebenbinder zusammenfällt, während die Hauptrichtung der Fundamente wieder angenähert mit dieser Ebene parallel ist. Die Bodendrücke der einzelnen Fundamente bewegen sich zwischen 1,4 und 3,3 kg/qcm. Es war vorgeschrieben, daß der größte Bodendruck 3,5 kg/qcm nicht übersteigen, daß der kleinste mindestens noch $^1/_3$ des größten betragen und daß die Resultante um höchstens 10° von der Normalen zur Fundamentsohle abweichen sollte. Die Eiseneinlagen des bereits erwähnten Zugbandes in der Höhe des Galerieumganges (+ 4,50) sind so stark bemessen, daß es von dem Schube der Strebenbinder so viel aufnehmen kann, daß die Resultante in den Fundamenten etwa bis zum Sohlenschwerpunkte abgelenkt wird, der Bodendruck also ganz gleichmäßig verteilt wird (Fig. 13).

Zeichnet man einen Achsenschnitt durch die Halle (Fig. 6) und projiziert man auf diesen den Hauptbogen mit den einzelnen Querschnitten, so ergibt sich, daß ohne großen Fehler die Stabachse als in einer geneigten Ebene, der Ausgleichebene, liegend angesehen werden kann, vor allem in dem Teile des Hauptbogens, der infolge seiner geringeren Querschnitte zu den elastischen Formänderungen den größten Beitrag liefert. Zu dieser Ausgleichebene steht die Verbindungslinie der Kämpfer der Strebenbinder angenähert senkrecht, jedoch ist die Abweichung von der Normalen zur Ebene berücksichtigt worden. Man kann jetzt den Hauptbogen als einen ebenen beiderseits eingespannten Stabbogen ansehen. Die lotrechten die Stabachse im allgemeinen nahezu treffenden Lasten P werden nun zerlegt in Kräfte in der Ausgleichebene, R = 0,835 P und in solche senkrecht zu dieser, H = 0,55 P. Auch die Auflagerdrücke der Strebenbinder werden in dieser Weise zerlegt. Die von diesen Strebenbindern aufzunehmenden Horizontalschübe oder deren zur Ausgleichebene senkrecht stehenden Komponenten X_a und X_b lassen sich nunmehr als statisch unbestimmte Größen eines senkrecht zu seiner Ebene durch Kräfte H beanspruchten in sich ebenfalls noch statisch unbestimmten beiderseits eingespannten Stabbogens auffassen.

1. Einwirkung der Kräfte senkrecht zur Ausgleichebene.

Denkt man sich die Verbindung des Hauptbogens mit den Strebenbindern gelöst, so verbiegen die Lasten H den Hauptbogen aus der Ausgleichebene und zwar in den Punkten 6 = a und 4 = b um die Maße Δ_{am} und Δ_{bm} (Fig. 7).

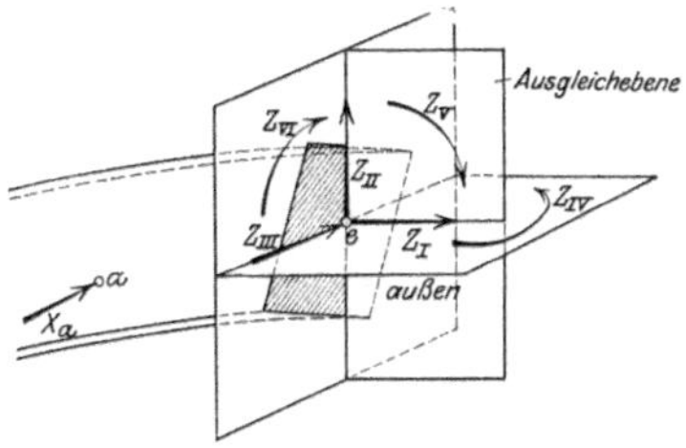

Fig. 8.

Die Lasten Q der Strebenbinder verschieben deren obere Endpunkte a und b im statisch bestimmten Hauptnetz auf senkrecht zur Ausgleichebene geführten Auflagerflächen um die Maße Δ'_{am} und Δ'_{bm}. Insgesamt entfernen sich also die Anschlußpunkte a und b um die Maße $\Delta_{am} + \Delta'_{am}$ und $\Delta_{bm} + \Delta'_{bm}$ im statisch bestimmten Hauptnetz.

Für das statisch unbestimmte System ist die Verschiebung dieser Doppelpunkte a und b von Streben und Bogen gleich Null; es wirken also auf die Streben a und b und den Hauptbogen je 2 Kräfte X_a und X_b, welche die Entfernung der Anschlußpunkte zu Null machen.

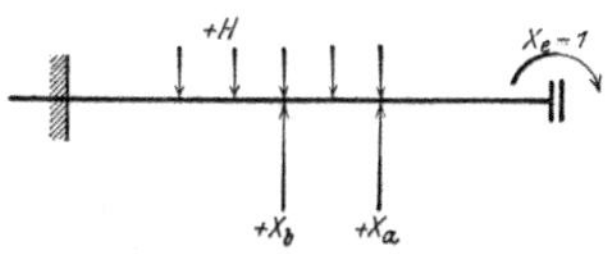

Zur Bestimmung der Verbiegungen des Hauptbogens wird in folgender Weise vorgegangen:

Der Hauptbogen wird im Mittelpunkt 7 = e durch einen Hauptachsenschnitt getrennt und es werden die in der Trennfuge wirkenden Kräfte bestimmt. Diese sind ganz allgemein eine Normalkraft Z_I, zwei Scherkräfte Z_{II} und Z_{III}, zwei Biegungsmomente Z_{IV} und Z_V und ein Torsionsmoment Z_{VI} (Fig. 8). Bei symmetrischer Belastung und Belastung lediglich durch die X- oder H-Kräfte vereinfacht sich der Kräftezustand wesentlich. Es fallen zunächst weg Z_{II}, Z_{III} und Z_{VI}, es fällt weiter fort Z_I und Z_V, da bei der Geringfügigkeit der Verbiegungen für jeden Punkt unter Einwirkung der H-Kräfte lediglich die Bewegungen senkrecht zur Ausgleichebene in Frage kommen, während die Verschiebungen in der Ausgleichebene unendlich kleine Größen zweiter Ordnung sind.

Es bleibt als unbekannte Kraft lediglich das Moment $Z_{IV} = X_e$ übrig und die als äußere Kräfte anzusehenden unbekannten X_a und X_b in den Gelenkpunkten a und b.

Man betrachtet mit Vorteil drei Systeme, deren jedes innerlich nur einfach statisch unbestimmt ist:

1. Einwirkung der äußeren Kräfte H und des Momentes X_e (Hauptsystem),
2. Einwirkung der beiden Kräfte X_a und des Momentes X_e,
3. Einwirkung der beiden Kräfte X_b und des Momentes X_e.

Für jedes dieser drei Systeme werden die Verschiebungen der Punkte a und b bestimmt; man erhält alsdann nur noch zwei Gleichungen mit den beiden Unbekannten X_a und X_b, die wesentlich weniger empfindlich gegen Ungenauigkeiten sind als 3 Gleichungen mit den 3 Unbekannten X_a, X_b und X_e.

a) Ermittlung der Verbiegungen und Verdrehungen

Zur Ermittlung von X_e ist die Verbiegung des Querschnittes e in der Ebene des Momentes X_e zu bestimmen und zwar für die 3 Fälle H, $X_a = -1$, $X_b = -1$.

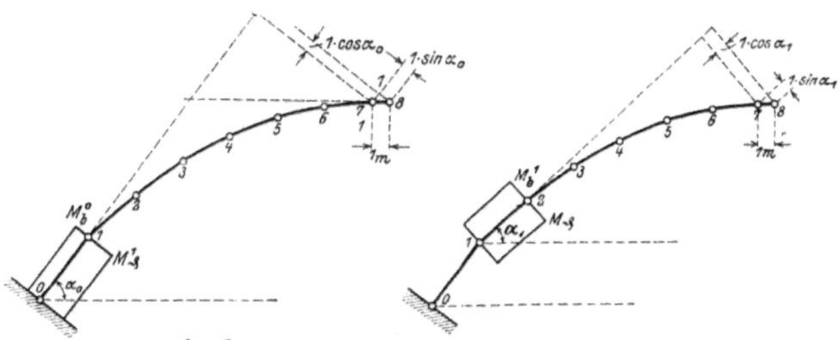

Fig. 9.

α) Einwirkung der H-Kräfte und Zustand $X_e = -1$ mt.

Der Maxwellsche Satz lautet für die vorliegende Anwendung:

Eine Kraft H = 1 in einem beliebigen Punkte m verbiegt den Querschnitt e in der Richtung des Momentes X_e um das gleiche Maß, wie ein Moment $X_e = 1$ in e den Punkt m in der Richtung der Kraft H = 1 verschiebt.

Hiernach ergibt sich die Verbiegung von e unter den Lasten H aus der Einflußlinie, welche die Biegelinie für $X_e = -1$ ist.

Bestimmung der Momente.

Das Moment $X_e = -1$, wirkend in einer Ebene parallel zur Kämpferlinie, ruft in den einzelnen Stabstrecken Verbiegungen und Verdrehungen hervor. Betrachtet man die Strecke 0/1, so wirkt auf diese ein Biegungsmoment

$$M_b = 1 \cdot \cos \alpha_0$$

und ein Drehmoment

$$M_\vartheta = 1 \cdot \sin \alpha_0.$$

Ersteres verbiegt den Stabteil 0/1 in einer durch 0/1 gehenden, senkrecht zur Ausgleichebene liegenden Ebene; letzteres verdreht ihn um seine Achse 0/1 (Fig. 9).

Für die nächste Stabstrecke 1/2 gilt in gleicher Weise

$$M_b = 1 \cdot \cos \alpha_1,$$
$$M_\vartheta = 1 \cdot \sin \alpha_1 \text{ usf.}$$

Man erhält die in Fig. 10 neben den einzelnen Stabstrecken aufgetragenen Werte M_b und M_ϑ.

Bestimmung der Verbiegungen.

Man ermittelt getrennt die Verbiegungen der einzelnen Stabstrecken, bestimmt die Verschiebungen sämtlicher in Frage kommenden Punkte und zählt zuletzt die Einzelwerte zusammen. Da die Biegelinie das mit den Kräften

$$w = \frac{M_b \cdot s}{J}$$

und dem Polabstand E gezeichnete Seileck ist, trägt man zunächst $\frac{M_b}{J}$ auf, sucht den Schwerpunkt dieser Fläche und läßt dort w angreifen

$$\beta = \frac{w}{E}$$

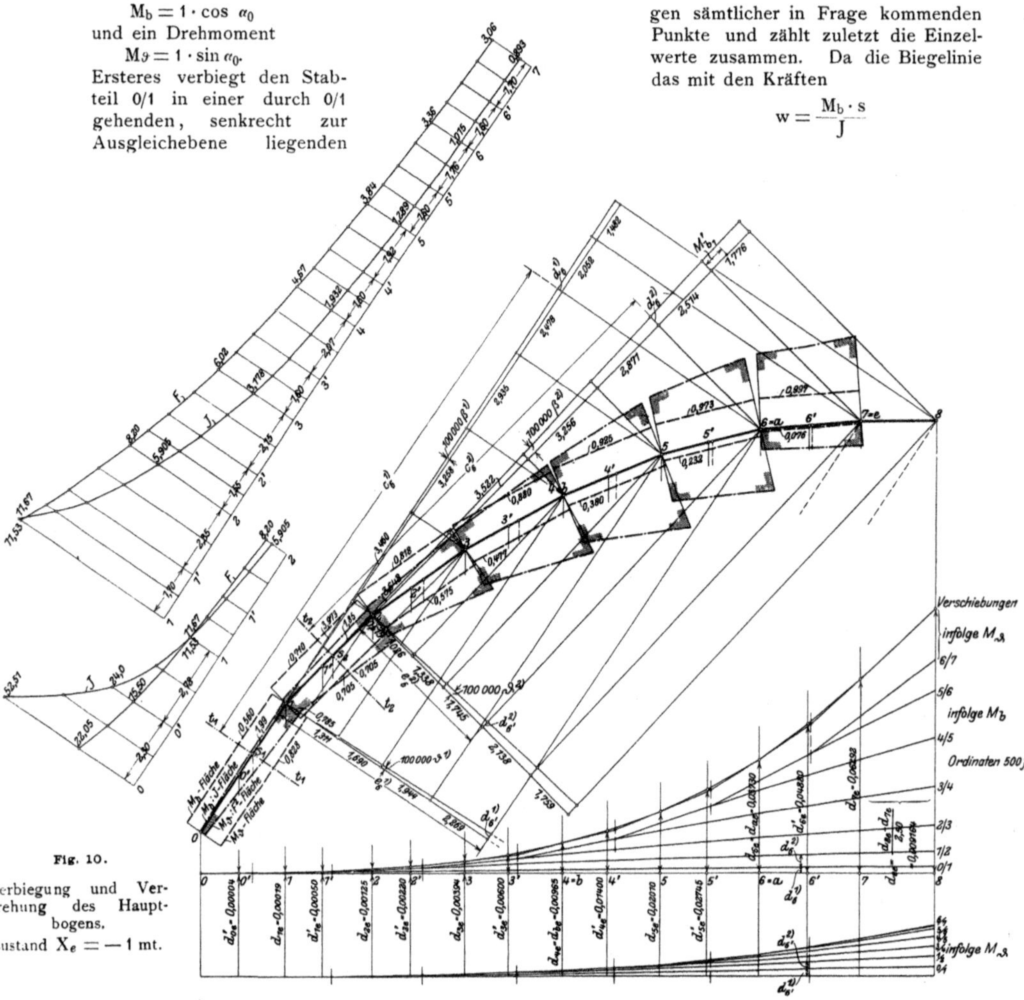

Fig. 10.

Verbiegung und Verdrehung des Hauptbogens.
Zustand $X_e = -1$ mt.

ist alsdann die wahre Neigung der Biegelinie am Ende der Belastungsfläche*). Die Werte J sind dabei die Trägheitsmomente bezogen auf die in in der Ausgleichebene liegende Querschnittsachse. Die Verbiegung des Stabzuges 0, 1, 2, . . . , 7, 8 erfolgt senkrecht zur Bild- oder Ausgleichebene und zwar liegen alle Punkte außerhalb des gebogenen Stabteiles 0/1 in einer Ebene, deren Drehachse $t_1 t_1$ senkrecht zu 0/1 steht, durch den Schwerpunkt S_1 der Belastungsfläche geht und die sich gegen die Bildebene um den Winkel $\beta = \frac{w}{E}$ dreht. Das Maß der Verschiebung eines um c von der Drehachse $t_1 t_1$ entfernten Punktes senkrecht zur Bildebene ist dann

$$d_m^{(1)} = c_m^{(1)} \operatorname{tg} \beta^{(1)},$$

z. B. für Punkt 6

$$d_6^{(1)} = c_6^{(1)} \operatorname{tg} \beta^{(1)}$$
$$= c_6^{(1)} \frac{w^{(1)}}{E}.$$

Die sämtlichen Verschiebungen $d_1^{(1)}$, $d_2^{(1)}$, . . . $d_8^{(1)}$ werden im Grundriß aufgetragen, ihre Verbindungslinie gibt die Verbiegung des Stabzuges im Grundriß, d. h. senkrecht zur Ausgleichebene, durch $M_e = -1$, wenn zunächst nur die Stabstrecke 0/1 betrachtet wird, ein Fall, der z. B. tatsächlich eintreten könnte, wenn die Trägheitsmomente sämtlicher übrigen Stabteile von 1—8 unendlich groß wären, also diese Teile sich nicht verbiegen könnten.

In gleicher Weise wird der Beitrag der Strecken 1/2, 2/3 usf. zu den Verbiegungen ermittelt. Es biegt 1/2 um eine Achse $t_2 t_2$ durch den Schwerpunkt der Belastungsfläche $M_b : J$ um den Winkel

$$\beta^{(2)} = \frac{w^{(2)}}{E}.$$

Punkt 6 z. B. verschiebt sich dann senkrecht zur Bildebene um das Maß

$$d_6^{(2)} = c_6^{(2)} \operatorname{tg} \beta^{(2)} = c_6^{(2)} \frac{w^{(2)}}{E}.$$

Sämtliche Werte sind rechnerisch ermittelt worden. In Fig. 10 sind die Verbiegungswinkel β in 100 000 facher Größe aufgetragen, die Verschiebungen werden bei einem Längenmaßstabe 1 : 200 also $\frac{100\,000}{200} = 500$ fach.

Bestimmung der Verdrehungen.

In ähnlicher Weise wie zuvor werden auch die Verdrehungen der einzelnen Stabstrecken einzeln ermittelt.

Mangels Unterlagen für die Verdrehung von Querschnitten beliebiger unregelmäßiger Form ist hier die zulässige Annahme gemacht, daß alle Querschnitte Quadrate seien. Für diese ist der Verdrehungswinkel eines Stabteiles von der Länge s unter Einwirkung eines Drehmomentes M_ϑ

$\vartheta = \frac{7{,}2}{h^4} \cdot \frac{M_\vartheta}{G} \cdot s$, gemessen in Bogenmaß, worin

$h =$ Seitenlänge des Querschnittes,
$G =$ Gleitmaß ist.

Man kann setzen $h^4 = F^2$. Für das Gleitmaß soll mangels ausreichender Versuchszahlen ein Mittelwert

$$G = 0{,}385\ E = \frac{21\,500\,000}{15} \cdot 0{,}385 = 550\,000\ \text{t/qm}$$

gesetzt werden. Dann erhält man

$$\vartheta = \frac{13{,}1}{10^6} \cdot \frac{M_\vartheta\, s}{F^2} = \frac{13{,}1}{10^6} \cdot W\ \text{t/m}^2,$$

M_ϑ in tm, s in m, F in qm ausgedrückt. Die Werte $\frac{M_\vartheta}{F^2}$ sind in Fig. 10 neben den einzelnen Stabstrecken aufgetragen, die einzelnen Werte

$$W = \frac{M_\vartheta\, s}{F^2}$$

sowie

$$100\,000\ \vartheta = 1{,}31\ W$$

sind wiederum rechnerisch ermittelt worden.

Unter alleiniger Berücksichtigung von M_ϑ im Stabteil 0/1 drehen sich die einzelnen Stabpunkte 2, 3, . . . , 7, 8 um die Achse 0/1, die Punkte verschieben sich um die Maße

$$d_m'^{(1)} = \vartheta^{(1)} e_m^{(1)},$$

z. B. Punkt 6 um

$$d_6'^{(1)} = \vartheta^{(1)} e_6^{(1)}.$$

Die Verschiebungen werden im Grundriß aufgetragen.

Für die nächste Stabstrecke 1/2 ist ϑ in gleicher Weise aus $\frac{M_\vartheta}{F^2}$ zu ermitteln, die Verdrehung erfolgt um die Achse 1/2, die Verschiebungen sind

$$d_m'^{(2)} = \vartheta^{(2)} e^{(2)},$$

z. B. für 6

$$d_6'^{(2)} = \vartheta^{(2)} e_6^{(2)}$$

Alle Verschiebungen der einzelnen Punkte werden zusammengezählt.

In Fig. 10 sind die 100 000 fachen Verdrehungen aufgetragen, die Verschiebungen betragen also mit dem Längenmaßstab 1 : 200 das 500 fache der wahren Werte. Diese Werte sind zum Schluß zu den Verschiebungen infolge der Biegungsmomente hinzugezählt.

Die Verdrehungen des Mittelquerschnittes 7 = e werden gemessen auf dem parallel zur Kämpferlinie liegenden Ersatzstab 7/8 und zwar

*) Diese ist für jede Stabstrecke in 4 Teile geteilt worden, was in den Figuren des kleinen Maßstabes wegen nicht dargestellt ist.

als die Verschiebungen eines 1 m von Punkt 7 entfernten Punktes, geteilt durch 1 m. Der Ersatzstab ist aus zeichnerischen Gründen länger, nämlich 2,50 m lang gewählt worden. Die Verdrehung ist dann gegeben durch den Ordinatenunterschied von 8 und 7, geteilt durch 2,50 m.

im Punkte 1

$$M_b^{(1)} = 1\, p_6^{(1)},$$

während M_ϑ gleichbleibend

$$M_\vartheta^{(0)} = M_\vartheta^{(1)} = 1\, q_6^{(0)}$$

ist, worin p die Abstände des Punktes a von den

Fig. 11.

Zustand $X_a = -1$ t.

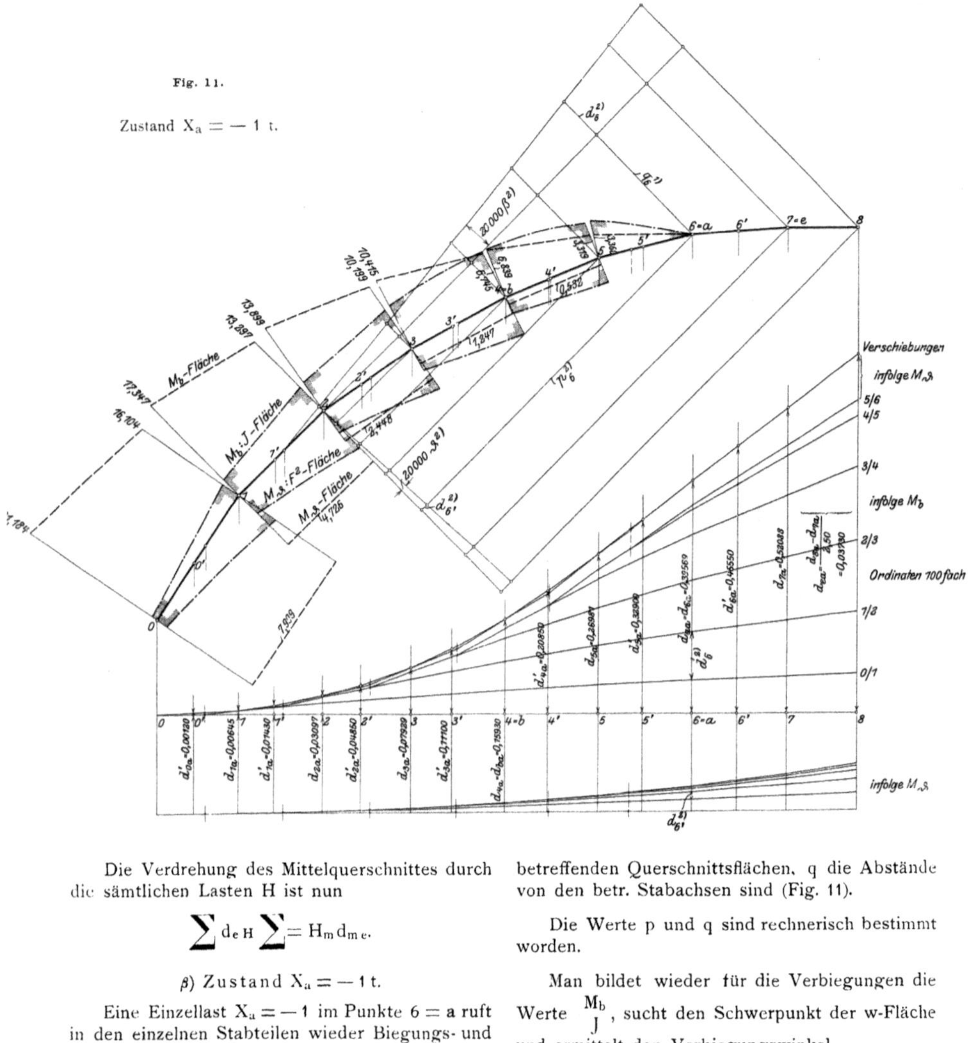

Die Verdrehung des Mittelquerschnittes durch die sämtlichen Lasten H ist nun

$$\sum d_{e\,H} \sum = H_m\, d_{m\,e}.$$

β) Zustand $X_a = -1$ t.

Eine Einzellast $X_a = -1$ im Punkte $6 = a$ ruft in den einzelnen Stabteilen wieder Biegungs- und Drehmomente hervor.

Für 0/1 ist im Punkte 0 das Moment

$$M_b^{(0)} = 1\, p_6^{(0)},$$

betreffenden Querschnittsflächen, q die Abstände von den betr. Stabachsen sind (Fig. 11).

Die Werte p und q sind rechnerisch bestimmt worden.

Man bildet wieder für die Verbiegungen die Werte $\frac{M_b}{J}$, sucht den Schwerpunkt der w-Fläche und ermittelt den Verbiegungswinkel

$$\beta = \frac{w}{E},$$

die Verschiebungen sind wieder

$$d_m = c_m \cdot \frac{w}{E}.$$

Für die Verdrehungen bildet man wieder

$$\frac{M_\vartheta}{F^2},\ \vartheta = \frac{13,1}{10^6}W,\ d_m = e_m\vartheta.$$

Aufgetragen wurden die Neigungen β und ϑ in 20 000facher Größe, die Verschiebungen sind also

$$\frac{20\,000}{200} = 100\text{fach dargestellt}$$

worden.

der Maßstab für die Winkeländerungen 50 000, die Verschiebungen sind also in $\frac{50\,000}{200} = 250$ facher Größe aufgetragen (Fig. 12).

Fig. 12.

Zustand $X_b = -1$ t.

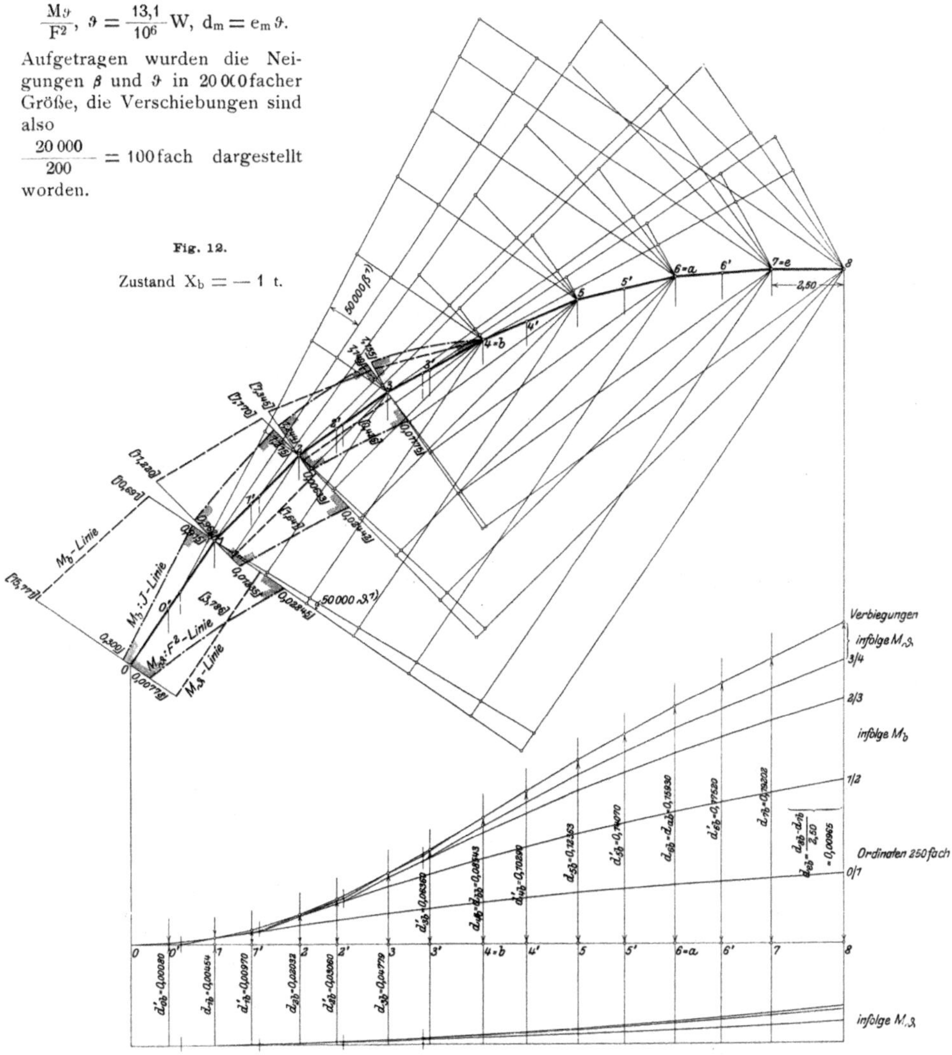

γ) Zustand $X_b = -1$ t.

In gleicher Weise wie bei $X_a = -1$ werden die Verbiegungen und Verdrehungen und daraus die Verschiebungen für die Einzellast $X_b = -1$ t im Punkt $4 = b$ ermittelt. In der Zeichnung ist

b) **Berechnung von X_e, X_a und X_b.**

In die Zeichnungen sind die Momente M_b, M_ϑ, die Strecken p, q, c und e und die Werte $M_b:J$, $M_\vartheta:F^2$ eingetragen. Sämtliche Zahlen sind berechnete Werte.

Als Probe für die Richtigkeit der Verschiebungen muß sein (100 000fache Werte in m)

		Mittelwert
$d_{ea} = d_{ae}$	$3{,}726 = 3{,}733$	**3,730**
$d_{ab} = d_{ba}$	$15{,}908 = 15{,}957$	**15,930**
$d_{be} = d_{eb}$	$0{,}9688 = 0{,}9618$	**0,9650.**

Es ist somit sehr gute Übereinstimmung erzielt worden. Die aus gebrochenen Linienzügen bestehenden Biegelinien sind zwischen den einzelnen Punkten noch durch eine stetige Kurve, ausgeglichen worden, aus der die Ordinaten d_{me}, d_{ma}, d_{mb} an den Lastzwischenpunkten 0′, 1′, 2′, 3′, …, 6′ für die Berechnung der Kräfte X_e, X_a und X_b entnommen worden sind.

Mit den Kräften $H_m = 0{,}55\ P_m$ erhält man die in folgender Übersicht ermittelten Werte

$H_m\, d_{me}$, $H_m\, d_{ma}$ und $H_m\, d_{mb}$.

β) $X_a = -1$ und X_e.

Es soll für den Fall einer äußeren Kraft $X_a = -1$ die Unbestimmte X_e ermittelt werden.

$$X_e = \frac{d_{ae}}{d_{ee}} = \frac{0{,}037\,300}{0{,}009\,164} = 4{,}0703 \text{ tm.}$$

Die Verschiebung von a und b beträgt:

a) $\Delta_{aa} = d_{aa} - X_e \cdot d_{ae}$
$= 0{,}395\,69 - 4{,}0703 \cdot 0{,}037\,30$
$= 0{,}2439$ mm;

b) $\Delta_{ba} = d_{ba} = X_e \cdot d_{be}$
$= 0{,}159\,30 - 4{,}0703 \cdot 0{,}009\,65$
$= 0{,}1200$ m.

Werte H · d.

Punkt	P_m in t	H_m in t	d_{me} in mm	$H_m\, d_{me}$ in tmm	d_{ma} in mm	$H_m\, d_{ma}$ in tmm	d_{mb} in mm	$H_m\, d_{mb}$ in tmm
0′	232,0	128,0	0,00004	0,0051	0,00120	0,1536	0,00080	0,1024
1′	105,4	58,0	0,00050	0,0290	0,01480	0,8584	0,00870	0,5626
2	235,1	129,7	0,00125	0,1621	0,03097	4,0168	0,02032	2,63[illegible]5
2′	69,8	38,4	0,00220	0,0845	0,04850	1,8624	0,03060	1,1750
3′	50,7	27,9	0,00600	0,1674	0,11100	3,0969	0,06360	1,7744
4 = b	201,4	111,0	0,00965	1,0712	0,15930	17,6823	0,08543	9,4827
4′	55,2	30,4	0,01400	0,4256	0,20850	6,3384	0,10290	3,1282
5′	35,6	19,6	0,02745	0,5380	0,32900	6,4484	0,14070	2,7577
6 = a	190,0	100,1	0,03730	3,7337	0,39569	39,6086	0,15930	15,9459
6′	25,2	13,8	0,04880	0,6734	0,45550	6,2869	0,17520	2,4178
		Summe		6,8900		86,3517		39,9822
		δ_e	0,009164		0,03730		0,00965	

α) Hauptnetz und X_e.

Es soll zuerst die Kraft X_e ermittelt werden die unter Einwirkung der Kräfte H_m auftritt, wenn X_a und $X_b = 0$ sind, die Strebenbinder also fehlen. Man erhält

$$X_e = \frac{\sum H_m\, d_{me}}{d_{ee}} = \frac{6{,}8900 \text{ tmm}}{0{,}009164 \text{ mm/m}} = 751{,}86 \text{ tm.}$$

Es würde also ein Moment von rd. 752 tm im Scheitel auftreten, wenn die Strebenbinder fehlten. Unter der Einwirkung dieses Momentes und der H-Kräfte ergeben sich die Verschiebungen der Punkte a und b zu

a) $\sum H_m\, \Delta_{ma} = \sum H_m\, d_{ma} - X_e\, d_{ae}$
$= 86{,}3517 - 751{,}86 \cdot 0{,}037\,30$
$= 58{,}3073$ mm;

b) $\sum H_m\, \Delta_{mb} = \sum H_m\, d_{mb} - X_e\, d_{be}$
$= 39{,}9822 - 751{,}86 \cdot 0{,}009\,65$
$= 32{,}7268$ mm.

γ) $X_b = -1$ und X_e.

Das Moment X_e für die Strebenkräfte $X_b = -1$ beträgt:

$$X_e = \frac{d_{be}}{d_{ee}} = \frac{0{,}009\,650}{0{,}009{,}164} = 1{,}0530 \text{ tm.}$$

Die Verschiebungen von a und b betragen:

a) $\Delta_{ab} = d_{ab} - X_e \cdot d_{ae}$
$= 0{,}159\,30 - 1{,}0530 \cdot 0{,}037\,30$
$= 0{,}1200$ mm

in Übereinstimmung mit dem unter $X_a = -1$ und X_e errechneten Werte;

b) $\Delta_{bb} = d_{bb} - X_e \cdot d_{be}$
$= 0{,}085\,43 - 1{,}0530 \cdot 0{,}009\,65$
$= 0{,}0753$ mm.

δ) Verschiebungen der Strebenbinder durch die Eigenlasten und durch die X-Kräfte.

In das System sind jetzt noch die Verschiebungen der Strebenbinder einzuführen und zwar für das hier innerlich mit X_e einfach unbestimmte

Hauptnetz sowie für die Zustände $X_a = -1$ und $X_b = -1$.

Die Lasten betragen für Strebenbinder:

I.	II.
$G_1 = 12{,}7$ t	$G_1 = 12{,}2$ t
$G_2 = 13{,}8$ „	$G_2 = 12{,}9$ „
$G_3 = 15{,}4$ „	$G_3 = 12{,}9$ „
$P = 33{,}0$ „	$P = 26{,}4$ „
$G_4 = 10{,}8$ „	$G_5 = 14{,}2$ „
$G_5 = 10{,}1$ „	

Mit Hilfe der w-Kräfte sind in bekannter Weise für eine Kämpferkraft $H = 1$ die Verschiebungspläne gezeichnet worden, in Fig. 13 ist die Untersuchung für den Strebenbinder II wiedergegeben.

Der Verschiebungsplan ergibt in der Richtung der Kräfte G und P die in folgender Übersicht aufgeführten Verschiebungen und mit den Lasten P_m die Werte $P_m \delta_{ma}$, welches die Verschiebungen des oberen Kämpferpunktes in der Richtung der Kämpferlinie sind.

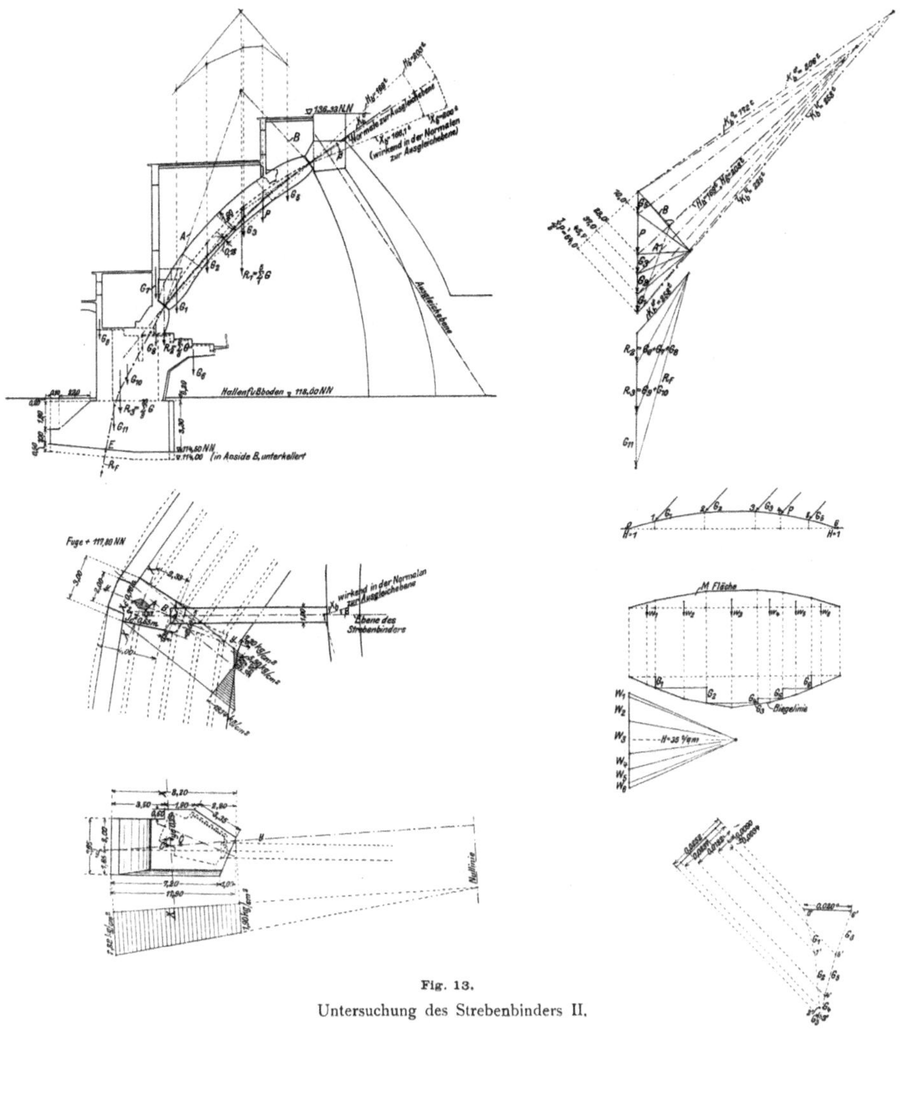

Fig. 13.
Untersuchung des Strebenbinders II.

Strebenbinder I.			
Punkt	δ_{ma}	P_m	$P_m\,\delta_{ma}$
1	+ 0,0141	12,7	+ 0,179 mm
2	+ 0,0393	13,8	+ 0,542 „
3	+ 0,0480	48,8	+ 2,340 „
4	+ 0,0300	10,8	+ 0,324 „
5	— 0,0030	10,1	— 0,030 „
			+ 3,355 mm

Strebenbinder II.			
Punkt	δ_{mb}	P_m	$P_m\,\delta_{mb}$
1	+ 0,0090	12,2	+ 0,110 mm
2	+ 0,0237	12,9	+ 0,306 „
3	+ 0,0252	12,9	+ 0,325 „
4	+ 0,0182	26,6	+ 0,484 „
5	+ 0,0034	14,2	+ 0,048 „
			+ 1,273 mm

Die Verschiebungen der oberen Kämpferpunkte durch H = — 1 betragen $\delta_{aa} = 0{,}0330$ mm

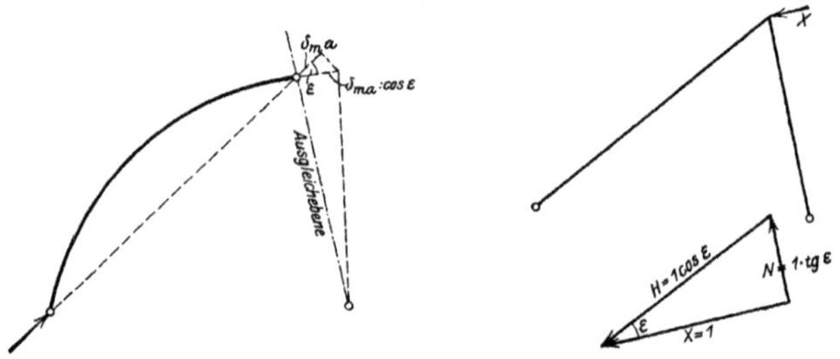

Fig. 14.

und $\delta_{bb} = 0{,}0200$ mm, die (in der Rechnung nicht weiter auftretenden) aktiven Bogenschübe würden somit betragen:

$$H_a = \frac{\sum P_m\,\delta_{ma}}{\delta_{aa}} = \frac{3{,}355}{0{,}0330} = 101{,}7 \text{ t},$$

$$H_b = \frac{1{,}273}{0{,}0200} = 63{,}7 \text{ t}.$$

Es ist noch der Einfluß der Verkürzung der Strebenbinder durch die Normalkräfte zu berücksichtigen. Die Verkürzung der Stabachse beträgt $\delta = \sum \frac{P' s}{EF}$, worin P' die Projektion der Lasten P auf die Stabachse oder, genau genug, auf die Kämpferlinie ist.

Man erhält für die Lasten G und P folgende Werte:

Binder I.			Binder II.		
P'	s	P' s	P'	s	P' s
t	m	tm	t	m	tm
64,0	1,75	112,0	54,0	1,70	91,8
55,4	3,55	196,7	45,7	3,35	153,1
46,2	3,85	177,9	37,0	3,35	124,0
13,8	3,85	46,2	28,0	1,70	47,6
6,8	2,75	18,7	10,0	1,95	19,5
		551,5			436,0

Binder I.

$$\delta = \frac{55\,150\,000 \text{ cmkg}}{140\,000 \text{ kg/qcm} \cdot 16\,000 \text{ qcm}} = 0{,}0246 \text{ cm}$$
$= 0{,}246$ mm.

Binder II.

$$\delta = \frac{43\,600\,000 \text{ cmkg}}{140\,000 \text{ kg/qcm} \cdot 16\,000 \text{ cm}} = 0{,}0195 \text{ cm}$$
$= 0{,}195$ mm.

Die Verschiebung in der Kämpferlinie unter den äußeren Lasten P und G beträgt somit aus Verbiegung und aus Kürzung:

Binder I.

$\delta_{ma} = 3{,}357 - 0{,}246 = 3{,}111$ mm.

Binder II.

$$\delta_{mb} = 1,273 - 0,195 = 1,078 \text{ mm.}$$

In gleicher Weise ist die Verkürzung für H = 1 zu bilden:

Binder I.

$$\delta = \frac{1000 \text{ kg} \cdot 1650 \text{ cm}}{140\,000 \text{ kg/qcm} \cdot 16\,000 \text{ cm}} = 0,000\,737 \text{ cm}$$

$$= 0,007\,37 \text{ m.}$$

Binder II.

$$\delta = \frac{1000 \text{ kg} \cdot 1350 \text{ cm}}{140\,000 \text{ kg/qcm} \cdot 16\,000 \text{ cm}} = 0,000\,603 \text{ cm}$$

$$= 0,006\,03 \text{ mm.}$$

Insgesamt ist die Verschiebung (Verkürzung der Stabachse durch Biegungsmoment und durch Normalkraft):

Binder I.

$$\delta_{aa} = 0,033\,00 + 0,007\,37 = 0,040\,37 \text{ mm.}$$

Binder II.

$$\delta_{bb} = 0,020\,00 + 0,006\,03 = 0,026\,03 \text{ mm.}$$

Ermittelt waren die Verschiebungen der Strebenbinder in der Richtung der Kämpferlinien, gesucht sind sie in der Richtung senkrecht zur Ausgleichebene; sie betragen in dieser Richtung

$$\delta' = \frac{\delta}{\cos \varepsilon},$$

worin ε = Winkel zwischen der Kämpferlinie und der Normalen zur Ausgleichebene ist. Es sind bei der Berechnung des Hauptbogens also einzuführen:

$$\delta_{ma} : \cos \varepsilon_a \text{ und } \delta_{mb} : \cos \varepsilon_b,$$

$$\Delta'_{ma} = 3,111 : 0,988 = 3,1488 \text{ mm}$$

und

$$\Delta'_{mb} = 1,078 : 0,984 = 1,0955 \text{ mm.}$$

Einer Kraft X = 1 entspricht $X = \frac{H}{\cos \varepsilon}$; diese Kraft ergibt eine Verschiebung in der Richtung der Kämpferlinie von $\delta_{aa} : \cos \varepsilon$, in der Richtung senkrecht zur Ausgleichebene voa $\delta_{aa} : \cos^2 \varepsilon$; also sind einzuführen:

$$\delta_{aa} : \cos^2 \varepsilon_a \text{ und } \delta_{bb} : \cos^2 \varepsilon_b,$$

$$\Delta'_{aa} = 0,0414 \text{ mm,}$$

$$\Delta'_{bb} = 0,0269 \text{ mm,}$$

ε) Zusammenstellung.

Man erhält mit den vorstehend ermittelten Verschiebungen der Strebenbinder die folgenden Gleichungen für X_a und X_b:

Eigengewicht.

$$X_a (\Delta_{aa} + \Delta'_{aa}) + X_b \Delta_{ab} = \sum H_m \Delta_{ma} + \Delta'_{ma},$$

$$X_a \Delta_{ab} + X_b (\Delta_{bb} + \Delta'_{bb}) = \sum H_m \Delta_{mb} + \Delta'_{mb}$$

$$\boxed{\begin{aligned} X_a \cdot 0,2853 + X_b \cdot 0,1200 &= 61,4561 \\ X_a \cdot 0,1200 + X_b \cdot 0,1022 &= 33,8223 \end{aligned}}$$

$$X_a = \mathbf{150,568} \text{ t,}$$

$$X_b = \mathbf{154,158} \text{ t.}$$

Das im System wirkende Moment X_e setzt sich zusammen aus dem im Hauptnetze unter Einwirkung der H-Kräfte, nämlich $X_e = 751,86$ mt, ferner dem im System $X_a = 150,568$ und $X_b = 154,158$ wirkenden, wobei für $X_a = -1$ das Moment $X_e = 4,0703$ mt, für $X_b = -1$ das Moment $X_e = 1,0530$ mt wird, insgesamt ist also

$$X_e = 751,86 - 150,568 \cdot 4,0703 - 154,158 \cdot 1,0530,$$

$$X_e = \mathbf{-23,325 \text{ mt.}}$$

Wärmeänderung.

Für Wärmeänderung um ± 7,5° ändert sich die Strebenlänge um

$$\Delta l = \frac{1 \cdot 7,5}{80\,000},$$

d. i. bei a) um $\Delta l = 1,5469$ mm,

„ b) „ $\Delta l = 1,2656$ „ .

Da die Wärmeänderung des Hauptbogens sich in der Ausgleichebene vollzieht und diese nahezu senkrecht zu der Strebenkämpferlinie steht, verschwindet dieser Einfluß nahezu völlig.

Man erhält die beiden Gleichungen:

$$X_{at} \cdot 0,2653 + X_{bt} \cdot 0,1200 = 1,5469,$$

$$X_{at} \cdot 0,1200 + X_{bt} \cdot 0,1022 = 1,2656,$$

$$X_{at} = \mathbf{0,423} \text{ t,}$$

$$X_{bt} = \mathbf{11,887} \text{ t,}$$

$$X_{et} = -4,0703 \cdot X_{at} - 1,0530 \cdot X_{bt} = -4,0703 \cdot 0,423 - 1,0530 \cdot 11,887 = \mathbf{-14.239 \text{ mt.}}$$

Nachgiebigkeit der Strebenpfeiler.

Es soll noch der Einfluß einer ungleichen Senkung der Strebenbinder ermittelt werden und zwar für ein $\Delta_a = -1$ mm und ein $\Delta_b = -1$, je getrennt wirkend. Für $\Delta_a = -1$ wird

$$X_a \cdot 0{,}2853 + X_b \cdot 0{,}1200 = -1,$$
$$X_a \cdot 0{,}1200 + X_b \cdot 0{,}1022 = 0,$$
$$X_a = -6{,}925 \text{ t},$$
$$X_b = +8{,}131 \text{ t},$$

in gleicher Weise ist für $\Delta_b = -1$ mm,

$$X_a = +\ 8{,}132 \text{ t},$$
$$X_b = -\ 19{,}334 \text{ t}.$$

Senken sich zugleich die Pfeiler der beiden Binder in der Richtung der Kräfte X um je 1 mm (d. h. in lotrechter Richtung etwa 1,5 mm), so addieren sich die Wirkungen, und es wird

$$X_a = +1{,}2 \text{ t}, \quad X_b = -11{,}2 \text{ t}.$$

ζ) Berücksichtigung der durch die Eiseneinlagen vergrößerten Trägheitsmomente.

Die Untersuchung ist noch durchgeführt worden unter angenäherter Berücksichtigung der Erhöhung der Trägheitsmomente infolge der Eisenbewehrung. Für den Hauptbogen wurde eine solche von 0,4 % eingeführt, die das Trägheitsmoment in einem mittleren Querschnitte um 8 % vergrößert, diese Vergrößerung wurde dann als gleichbleibend für sämtliche Querschnitte angenommen. Für die Streben wurde mit der tatsächlichen Bewehrung von 0,8 % gerechnet, womit das Trägheitsmoment um 29 % sich erhöht. Man erhält dann für Eigengewicht (ohne Wärmewirkung) die folgenden Werte, wobei die Klammerwerte die Zahlen ohne Berücksichtigung der Eiseneinlagen darstellen

$$X_a \quad 152{,}0 \text{ t } (150{,}568)$$
$$X_b \quad 156{,}5 \text{ t } (154{,}158)$$
$$X_e \quad -32 \text{ mt } (-23{,}325).$$

Es tritt in den gefährlichen Querschnitten in der Nähe des Kämpfers eine geringe Entlastung ein, wenn die Eisenbewehrung berücksichtigt wird, es ist also zu ungünstig gerechnet, wenn sie vernachlässigt worden ist. Ebenso tritt im Scheitelquerschnitt 7 eine Entlastung ein.

c) Ermittlung der Biegungsmomente senkrecht zur Ausgleichebene.

Die Biegungsmomente infolge der H-Kräfte und der X_a-, X_b- und X_e-Kräfte sind in folgender Übersicht zusammengestellt, worin jeweils h_m die senkrechten Abstände der Kräfte H von den einzelnen Querschnittsebenen 0, 1, 2, . . . sind.

Biegungsmomente senkrecht zur Ausgleichebene.

Eigengewicht.

Punkt	Kraft	0		1		2		3		4		5		6		7	
	H in t	h_m	$H_m h_m$	h_m	$H_m h_m$	h_m	$H_m h_m$	h_m	$H_m h_m$	h_m	$H_m h_m$	h_m	$H_m h_m$	h_m	$H_m h_m$	h_m	$H_m h_m$
0′	128,0	2,30	294														
1′	58,0	6,75	392	1,70	099												
2	129,7	9,05	1174	4,05	525												
2′	38,4	10,50	403	5,58	214	1,55	60										
3	27,9	13,93	389	9,23	258	5,29	148	1,60	45								
4	111,0	15,77	1750	11,22	1245	7,35	816	3,67	407								
4′	30,4	17,10	520	12,70	386	8,91	271	5,26	160	1,60	49						
5	19,6	19,89	390	15,85	311	12,26	240	8,72	171	5,10	100	1,60	31				
6	100,1	21,18	2120	17,35	1737	13,90	1391	10,42	1043	6,84	685	3,36	336				
6′	13,8	22,17	306	18,57	256	15,27	211	11,88	164	8,36	115	4,94	68	1,60	22		
$\sum a =$			— 7738		— 5031		— 3137		— 1990		— 949		— 435		— 22		
$X_a = 150{,}6$		21,18	3190	17,35	2613	13,90	2093	10,42	1569	6,84	1030	3,36	506				
$X_b = 154{,}2$		15,77	2432	11,22	1730	7,35	1133	3,67	566								
$X_e = -23{,}3$		0,560*	—13,0	0,710	—16,5	0,818	—19,1	0,880	—20,5	0,925	—21,6	0,973	—22,7	0,997	—23,2	1,000	—23,3
$\sum b =$			+ 5609		+ 4326		+ 3207		+ 2114		+ 1008		+ 483		— 23,2		— 23,3
$\sum a - \sum b =$			— 2129		— 705		+ 70		+ 124		+ 59		+ 48		— 45		— 23

*) Anstatt h_m ist bei X_e zu setzen $\cos \alpha$.

Wärmeänderung.

	0		1		2		3		4		5		6		7	
	h_m	$H_m h_m$	h_m	$H_m h_m$	h_m	$H_m h_m$	h_m	$H_m h_m$	h_m	$H_m h_m$	h_m	$H_m h_m$	h_m	$H_m h_m$	h_m	$H_m h_m$
$X_{at} = 0{,}42$	21,18	8,9	17,35	7,3	13,90	5,8	10,42	4,4	6,84	2,9	3,36	1,4				
$X_{bt} = 11{,}9$	15,77	187,7	11,22	133,5	7,35	87,5	3,67	43,7								
$X_{ct} = -14{,}2$	0,560	−8,0	0,770	−10,1	0,818	−11,6	0,880	−12,5	0,925	−13,1	0,973	−13,8	0,997	−14,2	1,000	−14,2
für $t = +7{,}5°$		+ 188,6		+ 130,7		+ 81,7		+ 35,6		− 10,2		− 12,4		− 14,2		− 14,2
für $t = -7{,}5°$		− 188,6		− 130,7		− 81,7		− 35,6		+ 10,2		+ 12,4		+ 14,2		+ 14,2
Summe																
mit + t		− 1940		− 574		+ 152		+ 160		+ 49		+ 36		− 59		− 37
mit − t		− 2317		− 836		− 12		+ 88		+ 69		+ 60		− 31		− 9

Zu den vorstehend berechneten Momenten tritt noch der Einfluß der Exzentrizität der Ausgleichebene gegenüber dem Schwerpunkt der einzelnen Querschnitte. Dieser Einfluß ist gleich Stützlinienkraft mal Abstand der Flächenschwerpunkte von der Ausgleichebene und ist in folgendem aufgeführt (wobei die Kräfte K aus den Untersuchungen der Wirkung in der Ausgleichebene entnommen sind, s. flg. Abschnitt).

	0	1	2	3	4	5	6	7
Stützlinienkraft K =	1200	1040	980	810	790	700	690	675 t
Exzentrizität (nach außen positiv) e =	+ 0,75	+ 0,25	− 0,02	− 0,10	− 0,06	± 0	+ 0,03	+ 0,06 m
M = K e =	+ 900	+ 260	− 20	− 81	− 47	± 0	+ 20	+ 41 mt

Diese Werte sind zu den vorstehend ermittelten zu addieren. Im Querschnitt 0 ist jedoch noch die Exzentrizität des Gewichtes P_0' und der Pfostenkraft K_0 zu berücksichtigen, deren Komponenten R_0' und R_k — nach weiterer Zerlegung in Komponenten in der Querschnittsebene und senkrecht zu dieser — mit den zugehörigen Exzentrizitäten das Moment $K \cdot e$ erhöhen auf

$$900 - 72 + 217 = 1045.$$

Damit ergeben sich als ungünstigste Momente senkrecht zur Ausgleichebene

	0	1	2	3	4	5	6	7
ohne Wärmewirkung . .	− 1084	− 445	+ 50	+ 43	+ 12	+ 48	− 26	+ 18
mit + 7,5°	− 895	− 314	+ 132	+ 79	+ 2	+ 36	− 40	+ 4
mit − 7,5°	− 1272	− 576	− 32	+ 7	+ 22	+ 60	− 12	+ 32

d) Ermittlung der Torsionsmomente.

Die Torsionsmomente sind aus den Momenten des statisch bestimmten Hauptsystems und den Wirkungen der X-Kräfte zusammengesetzt worden. Bei X_e ist zu beachten, daß ein Moment $X_e = -1$ in den einzelnen Querschnitten Momente $1 \sin \alpha$ hervorruft, wenn α den Winkel der Stabachse mit der Wagerechten bedeutet.

Die Momente sind in der Übersicht auf S. 20 zusammengestellt worden, wobei die Momente für die Mitten zwischen den einzelnen Querschnitten 0, 1, 2, . . ., in denen die gekrümmte wirkliche Stabachse zu dem gebrochenen Stabzug parallel ist, ermittelt worden und c_m die Abstände der Kräfte H_m von den Stabachsen sind.

Torsionsmomente.
Eigengewicht.

Punkt	Kraft t H_m	0		0/1		1/2		2/3		3/4		4/5		5/6		6/7		7	
		c_m	$H_m c_m$	c_m	$H_m c_m$	c_m	$H_m c_m$	c_m	$H_m c_m$	c_m	$H_m c_m$	c_m	$H_m c_m$	c_m	$H_m c_m$	c_m	$H_m c_m$	c_m	$H_m c_m$
0′	128,0	0																	
1′	58,5	0,330	19,1	0,330	19,1														
2	129,7	0,785	101,8	0,785	101,8														
2′	38,4	1,335	51,3	1,335	51,3	0,258	9,9												
3′	27,9	2,833	79,1	2,833	79,1	1,062	29,7	0,186	5,2										
4	111,0	3,786	420,0	3,786	420,0	1,641	182,1	0,426	47,3										
4′	30,4	4,668	142,0	4,668	142,0	2,249	60,8	0,779	23,6	0,170	5,2								
5′	19,6	6,810	133,5	6,810	133,5	3,809	74,6	1,796	35,2	0,790	15,5	0,249	4,9						
6	100,1	7,999	800,8	7,999	800,8	4,724	472,9	2,448	245,0	1,247	124,8	0,523	52,3						
6′	13,8	9,250	127,8	9,250	127,8	5,760	79,5	3,267	45,1	1,900	26,2	1,018	14,0	0,253	3,5	0	0	0	0
$\sum a =$ —			— 1875,4		— 1875,4		— 909,7		— 401,4		— 171,7		— 71,2		— 3,5		— 0	0	0
X_a	150,6	7,999	1204,0	7,999	1204	4,724	711,5	2,448	368,5	1,247	187,6	0,523	78,7						
X_b	154,2	3,786	584,5	3,786	584,5	1,641	253,3	0,426	65,7										
X_e	— 23,3	0,828	—19,3	0,828	—19,3	0,704	—16,4	0,576	—13,4	0,477	—11,1	0,381	— 8,9	0,232	— 5,4	0,076	— 1,8	0	0
$\sum b =$			+1769,2		+1769,2		+ 948,4		+ 420,8		+ 176,5		+ 69,8		— 5,4				
$\sum a - \sum b =$			— 106,2		— 106,2		+ 38,9		+ 19,4		+ 4,8		— 1,4		— 8,9		— 1,8	0	0

Wärmeänderung.

Punkt	Kraft t H_m	0		0/1		1/2		2/3		3/4		4/5		5/6		6/7		7	
		c_m	$H_m c_m$	c_m	$H_m c_m$	c_m	$H_m c_m$	c_m	$H_m c_m$	c_m	$H_m c_m$	c_m	$H_m c_m$	c_m	$H_m c_m$	c_m	$H_m c_m$	c_m	$H_m c_m$
X_{at}	0,42	7,999	3,4	7,999	3,4	4,724	2,0	2,448	1,0	1,247	0,5	0,523	0,2						
X_{bt}	11,9	3,786	45,0	3,768	45,0	1,641	19,5	0,426	5,1										
X_{et}	— 14,2	0,820	—11,8	0,828	—11,8	0,704	—10,0	0,576	— 8,2	0,477	— 6,8	0,381	— 5,4	0,232	— 3,3	+0,076	— 1,1		0
	+ t		+ 36,6		+ 36,6		+ 11,5		— 2,1		— 6,3		— 5,2		— 3,3		— 1,1		0
	— t		— 36,6		— 36,6		— 11,5		+ 2,1		+ 6,3		+ 5,2		+ 3,3		+ 1,1		0

Summe.

	0	0/1	1/2	2/3	3/4	4/5	5/6	6/7	7
mit + t	— 69,6	— 69,6	+ 50,4	+ 17,3	— 1,5	— 3,8	— 12,2	— 2,9	0
mit + t	— 142,8	— 142,8	+ 27,4	+ 21,5	+ 11,1	+ 6,6	— 5,6	— 0,7	0

2. Einwirkung der Kräfte in der Ausgleichebene.

In der Ausgleichebene ist der Hauptbogen ein ebener eingespannter Stabbogen, der von den Kräften $R = 0835\,P$, ferner von Wärmeänderungen und von einer wagerechten Windkraft im Scheitel $W = 56$ t beansprucht wird, er ist also ein 3fach statisch unbestimmtes System.

a) Eigengewicht.

Die Untersuchung ist zunächst graphisch in üblicher Weise mittels Biegelinien und Verschiebungsplänen durchgeführt worden sodann noch von der Firma analytisch nach der allgemeinen Elastizitätstheorie mit Aufzeichnung der Einflußlinien der statisch unbestimmten Größen (siehe Mehrtens, Vorlesungen über Ingenieurwissenschaften, Band III, S. 295, und Gehler, Ermittlung der Spannungen in steinernen Brücken nach der Elastizitätstheorie). Beide Verfahren haben sehr gute Übereinstimmung ergeben. Außer den Kräften R wirken in den Gelenkpunkten 4 = b und 6 = a noch Auflagerdrücke infolge der Abweichung der oberen Strebenbinderkämpferkräfte von der Normalen zur Ausgleichebene, und zwar in 4 von + 10,5 t, in 6 von ± 0 t (zufällig). Nach dem graphischen Verfahren mit Hilfe der Verschiebungspläne führt man im Scheitel einen senkrechten Schnitt, schließt an die beiden Kragträgerenden starre Scheiben an und läßt an diesen die Bogenkraft X_c in solcher Höhe angreifen, daß sie keine Verbiegung des Mittelquerschnittes ergibt (s. Fig. 15). Man zeichnet zunächst für das Moment $X_a = -1$ mt mit Hilfe der Gewichte $w = \frac{M\,s}{J}$ eine Biegelinie, aus dieser dann den Verschiebungsplan und bestimmt durch dessen Schlußlinie ϱ_i sowie den Ersatzstab s_i die Größe der starren Scheibe. Es ergibt sich, daß X_c im Abstande von 1,75 m unter der Scheitelmitte angreift. Für $X_c = -1$ t wird nun mit $M = -y$ und den Gewichten $w = -\frac{y\,s}{J}$ eine Biegelinie gezeichnet, deren Schlußlinien einander parallel sein müssen. In der folgenden Übersicht sind die Werte J, $\frac{M}{J}$ und w für $X_a = -1$ mt, $X_b = -1$ t, $X_c = -1$ t eingetragen.

Punkt	J_b	$X_a = -1$ mt			$X_b = -1$ t			$X_c = -1$ t		
		M_a	$\frac{M_a}{J_b}$	w_a	M_b	$\frac{M_b}{J_b}$	w_b	M_c	$\frac{M_c}{J_b}$	w_c
	m^4	mt	t/m³	t/m²	mt	t/m³	t/m²	mt	t/m³	t/m²
0	33,9130	— 1,000	— 0,0295	— 0,305	— 11,47	— 0,338	— 2,54	— 21,605	— 0,64	— 5,93
1	10,9853	„	— 0,0911	— 0,624	— 7,28	— 0,661	— 3,28	— 18,775	— 1,71	— 10,50
2	4,6114	„	— 0,2170	— 1,020	— 4,40	— 0,955	— 3,21	— 15,960	— 3,47	— 14,45
3	2,9837	„	— 0,3349	— 1,659	— 2,32	— 0,778	— 2,06	— 12,980	— 4,35	— 18,15
4	1,7572	„	— 0,5690		— 0,60	— 0,342	— 0,21	— 9,795	— 5,56	
5	1,1388	„	— 0,8785	— 2,543	+ 0,72	+ 0,642	+ 0,73	— 6,575	— 4,90	— 18,45
6	0,8950	„	— 1,1170	— 3,352	+ 1,50	+ 1,680	+ 3,89	— 3,305	— 3,67	— 14,40
7	0,7250	„	— 1,3730	— 4,1170	+ 1,75	+ 2,410	+ 6,74	— 0,000	— 0,00	— 6,05

Mit den Lasten R und den aus Fig. 15 entnommenen Werten $\delta'_{ma} = 3000\,\delta_{ma}$ und $\delta'_{mc} = 2000\,\delta_{mc}$ erhält man die folgenden Produkte $R\,\delta$:

Punkt	R_m t	δ'_{ma} mm	$R_m\,\delta'_{ma}$ tmm	δ'_{mc} mm	$R_m\,\delta'_{mc}$ tmm
0′	194,0	0,3	58	1,0	194
1′	88,0	2,5	220	10,0	880
2	197.0	4,7	925	21,4	4 215
2′	58,3	7,5	438	33,8	1 972
3′	42,4	21,0	889	72,7	3 075
4	178,8	32,8	5 860	100,7	18 000
4′	46,2	45,8	2 115	125,0	5 760
5′	29,6	89,9	2 660	176,4	5 225
6	152,0	120,8	18 360	195,7	29 700
6′	21,3	156,8	3 340	207,4	4 420
$\sum R_m\,\delta_m =$			34 865 11,622		73 441 36,720

Mit

$$\delta_{aa} = \frac{54{,}1}{3000} : 1{,}75 \text{ m} = 0{,}010\,31 \text{ mm/m}$$

und

$$\delta_{cc} = \frac{104{,}8}{2000} = 0{,}0524 \text{ mm}$$

wird

$$X_a = \frac{\sum R_m \,\delta_{ma}}{\delta_{aa}} = \frac{11{,}622}{0{,}01031} = 1127 \text{ mt},$$

$$X_c = \frac{\sum R_m \,\delta_{mc}}{\delta_{cc}} = \frac{36{,}720}{0{,}0524} = 701 \text{ t}.$$

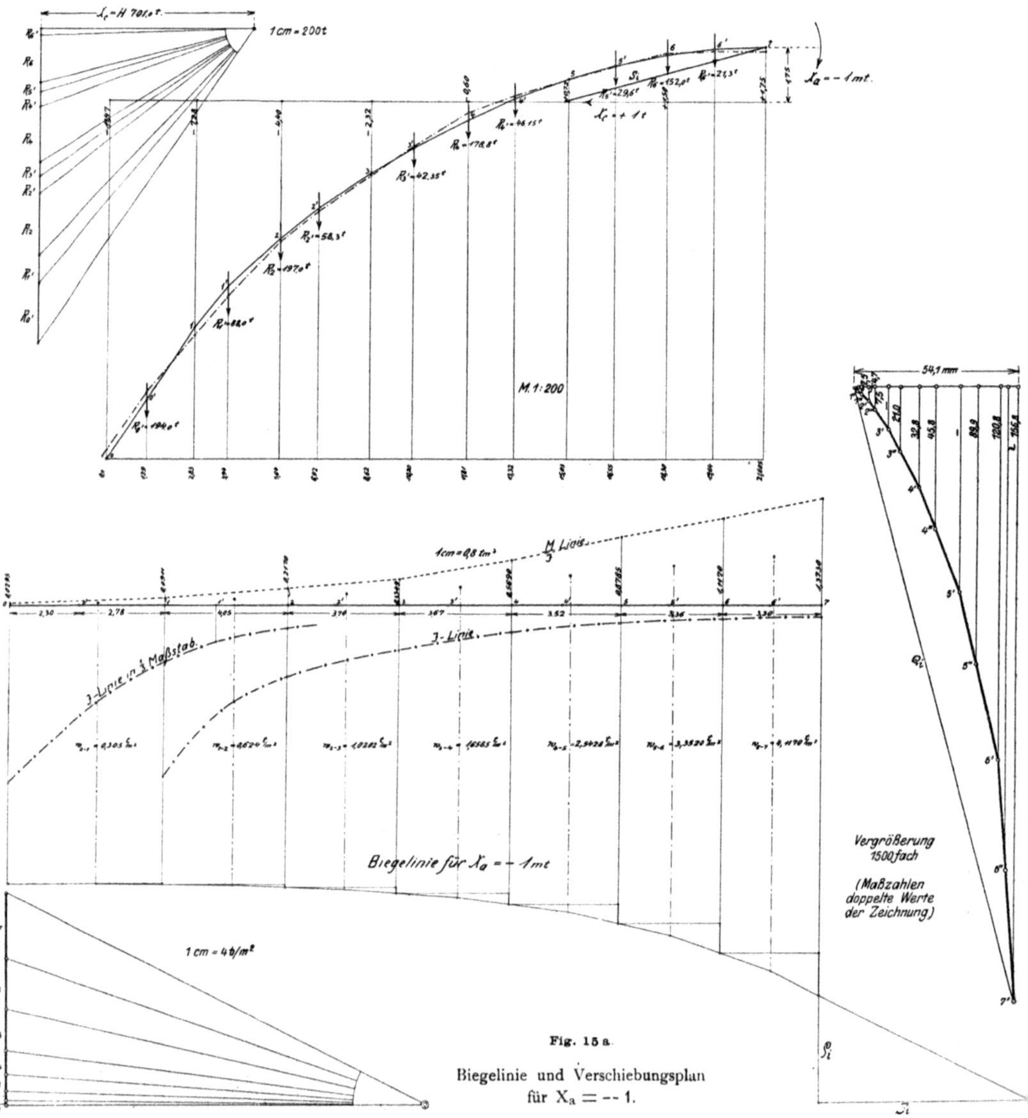

Fig. 15 a.

Biegelinie und Verschiebungsplan für $X_a = -1$.

Der Durchgangspunkt der Stützlinie im Scheitel liegt im Abstande $z_0 = \frac{X_a}{X_c} = \frac{1127}{701} = 1{,}61$ m über der X_c-Linie, d. i. 1,75—1,61 = 0,14 m unter der Scheitelmitte. Durch den so bestimmten Punkt und mit der Bogenkraft H = 701 t sowie den

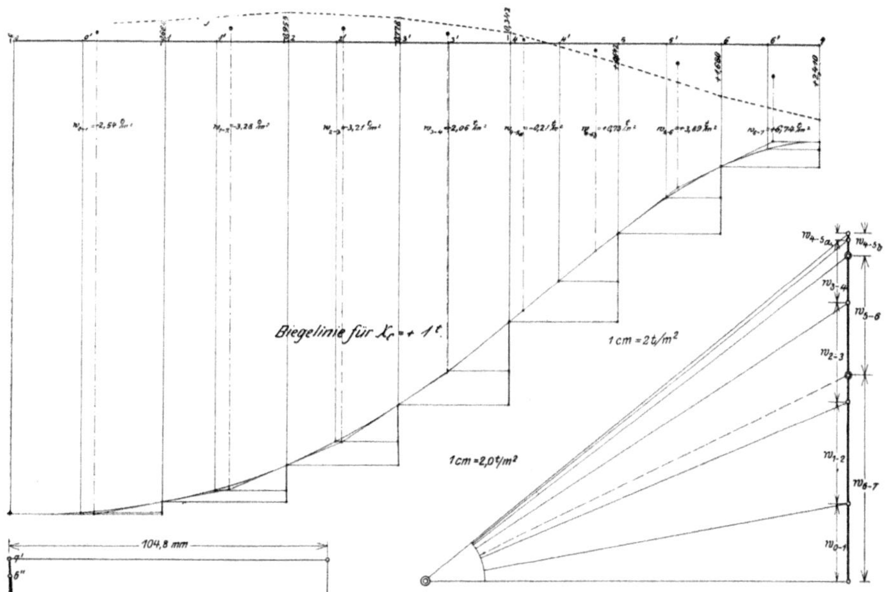

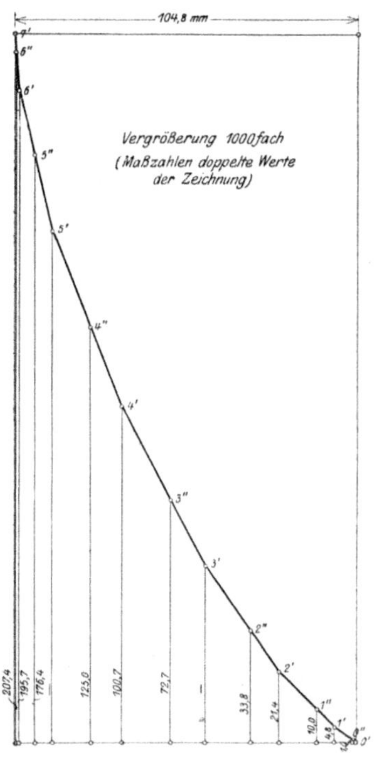

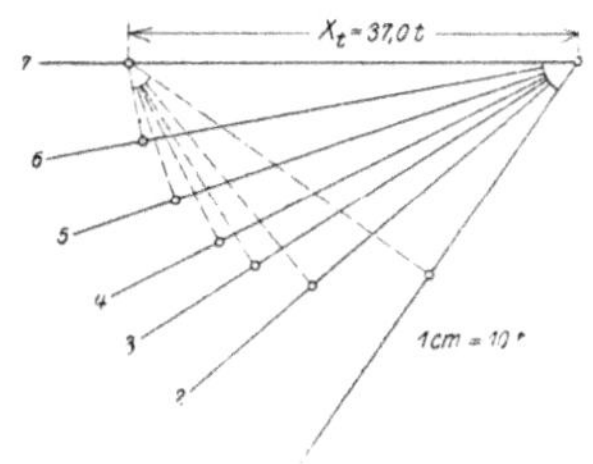

Fig. 15 b

Biegelinie und Verschiebungsplan für $X_c = 1$.

Lasten R ist in Fig. 15 eine Stützlinie gezeichnet, welche die Bogenachse zweimal auf jeder Seite schneidet. Die Momente sind $M_g = M_0 + X_a + X_c\, y$, sie sind rechnerisch ermittelt; die Werte sind in der Übersicht auf Seite 25 eingetragen.

b) Wärmeänderung.

Es ist mit einem Wärmeunterschied von ± 7,5° C gerechnet worden, ein Wert, der in Anbetracht der großen und im geschützten Raume liegenden Massen ausreichend erscheint. Dem Einflusse des Schwindens des Betons, dem bisweilen durch Annahme einer größeren Wärmeabnahme Rechnung getragen wird, ist durch Maßnahmen bei der Ausführung begegnet worden.

Die Wärmebogenkraft ergibt sich zu

$$X_{ct} = \pm \frac{\varepsilon\, t\, l}{\delta_{cc}} = \pm \frac{0{,}000\,012 \cdot 7{,}5 \cdot 21\,605}{0{,}0524} = \pm 37{,}0 \text{ t.}$$

Durch Projektion auf die Stabachsen erhält man die Stabkräfte S_t, durch Multiplikation mit y die Momente M_t; die Werte sind in der Übersicht auf Seite 25 eingetragen.

dann eine gegenseitige senkrechte Verschiebung der Scheitelpunkte, aber keine gegenseitige wagerechte Verschiebung und keine gegenseitige Verdrehung. Es tritt also nur die eine statisch un-

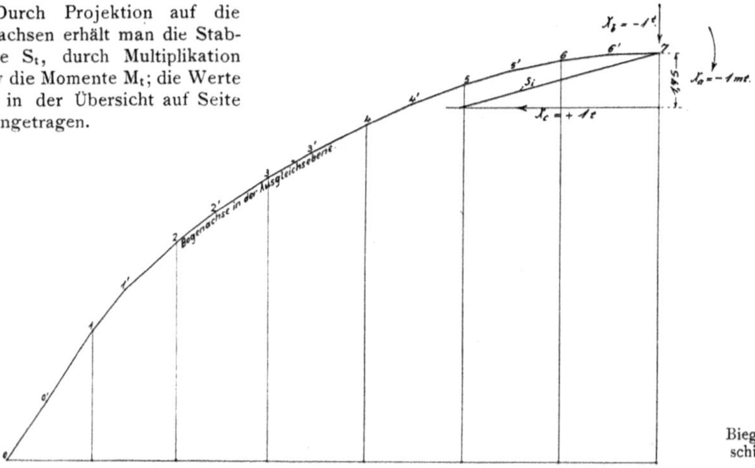

Fig. 16.

Biegelinie und Verschiebungsplan für $X_b = -1$.

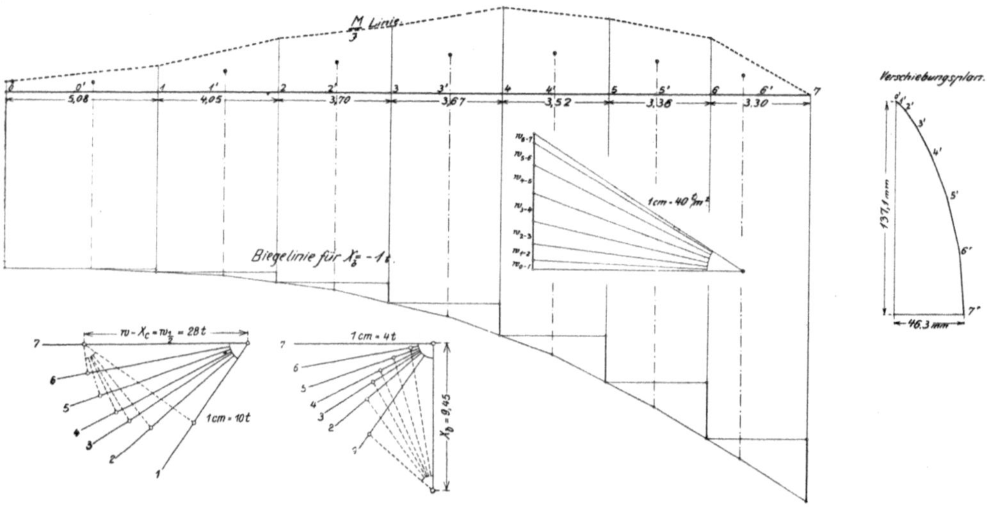

c) **Windkräfte.**

Der Winddruck auf eine Kuppelhälfte beträgt W = 56 t. Es ist die ungünstige Annahme gemacht worden, daß diese Kraft in voller Höhe im Bogenscheitel in den Hauptbogen geleitet wird. Man läßt nun je die Hälfte, also 28 t, am linken und am rechten Kragarme angreifen, sie ergeben

bekannte Größe X_b, die Querkraft, auf. Mit den in der Übersicht auf S. 21 eingetragenen Werten w ist die Biegelinie und aus dieser der Verschiebungsplan gezeichnet worden, aus dem $\delta_{wb} = \delta_{bw} = 46{,}3 : 200 = 0{,}2315$ mm, $\delta_{bb} = 2 \cdot 137{,}1 : 200 = 1{,}371$ mm sich ergibt (s. Fig. 16). Damit wird

$$X_{bw} = \frac{W\,\delta_{wb}}{\delta_{bb}} = \frac{56 \cdot 0{,}2315}{1{,}371} = 9{,}45 \text{ t}.$$

Das Windmoment für einen Bogenpunkt m ist

$$M_w = -\frac{W}{2}\,y_0 + X_{bw}\,x,$$

die Stabkräfte sind

$$S_w = +\frac{W}{2}\cos\alpha + X_b \sin\alpha,$$

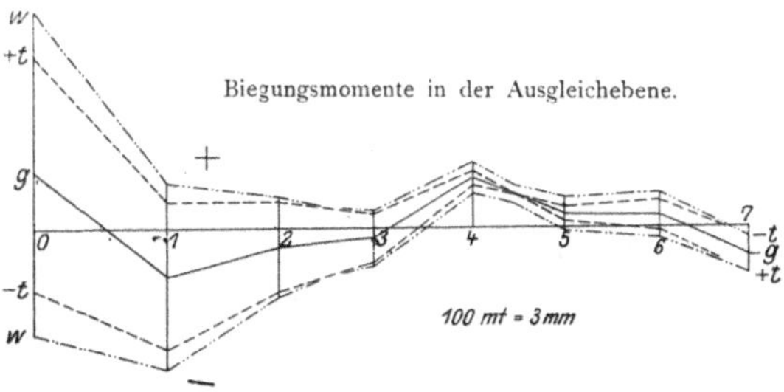

Biegungsmomente in der Ausgleichebene.

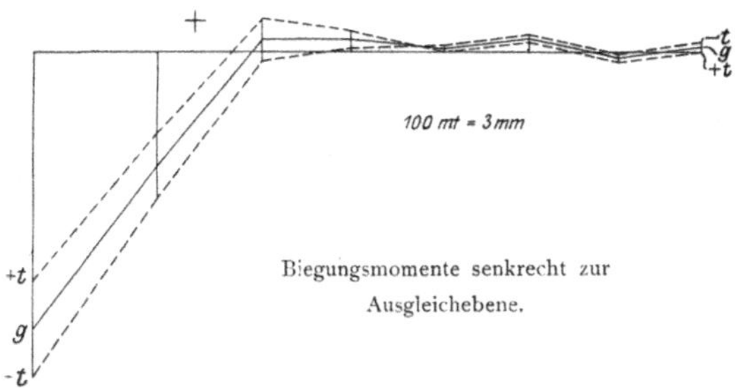

Biegungsmomente senkrecht zur Ausgleichebene.

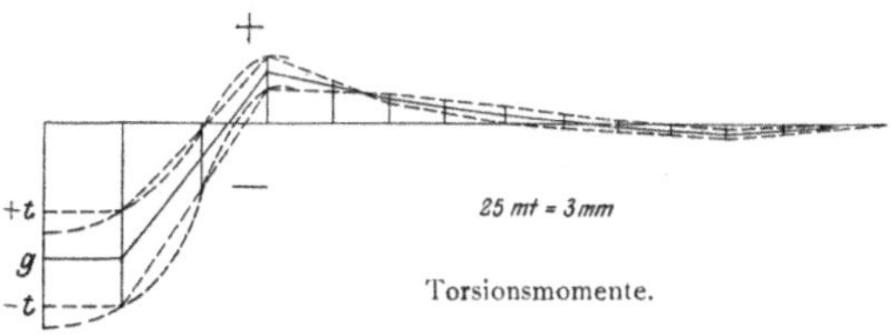

Torsionsmomente.

für Wind von links nach rechts verringern sie auf der linken Bogenhälfte die Stabkräfte. Bogenkräfte und Momente sind in folgender Übersicht eingetragen.

d) Zusammenfassung.

Die Einzelmomente sind in folgende Übersicht eingetragen und in Fig. 17 dargestellt.

Momente in der Ausgleichebene.

Punkt	Eigengewicht		Wind		Wärme-zunahme	
	M mt	S t	M mt	S t	M mt	S t
0	+ 207,0	1230	∓ 166,0	∓ 21	+ 424,0	+ 21
1	− 172,5	1075	∓ 75,5	∓ 23	+ 269,0	+ 29
2	− 62,5	880	∓ 21,0	∓ 27	+ 163,0	+ 32
3	− 39,0	845	± 9,0	∓ 29	+ 86,0	+ 33
4	+ 180,0	746	± 26,5	∓ 29	+ 22,0	+ 35
5	+ 47,5	732	± 33,0	∓ 29	− 26,5	+ 36
6	+ 41,0	703	± 24,0	∓ 29	− 55,5	+ 37
7	− 101,0	701	± 0	(∓ 28)	− 65,0	+ 37

Mit den auf S. 18 aufgeführten Momenten senkrecht zur Ausgleichebene M_a und mit den vorstehend ermittelten M_b sowie den Kräften S ergeben sich folgende Grenzwerte, wobei Z Wärmezunahme, A Wärmeabnahme bedeuten.

Grenzwerte der Momente und Stabkräfte.

Punkt	Max. + Min. −				Max. − Min. +			
		S t	M_a mt	M_b mt		S t	M_a mt	M_b mt
0	Z	1272	− 895	+ 797	A	1188	− 1272	− 383
1	Z	1127	− 314	+ 172	A	1023	− 576	− 517
2	Z	939	+ 132	+ 122	A	821	− 32	− 247
3	Z	849	+ 79	+ 56	A	841	+ 7	− 134
4	Z	752	+ 2	+ 229	A	740	+ 22	+ 132
5	A	667	+ 60	+ 107	Z	797	+ 36	− 12
6	A	637	− 12	+ 121	Z	769	− 40	− 39
7	A	*) 664	+ 32	− 36	Z	*) 738	+ 4	− 166

3. Spannungsermittlung.

a) Hauptbogen.

α) Biegungsspannungen.

Sowohl die Momente M_b wie M_a waren bezogen auf die Schwerpunktsachsen, und zwar jenes auf die Achse b senkrecht, dieses auf die Achse a parallel zur Ausgleichebene a_0. Die Abstände des Angriffspunktes der Normalkraft S von diesen Achsen erhält man zu

$$a = \frac{M_b}{S}, \qquad b = \frac{M_a}{S}.$$

Sind nun x_a und y_a die Koordinaten dieses Angriffspunktes bezogen auf die Hauptachsen des

*) Im Scheitelquerschnitt fällt die Stabkraft aus Winddruck fort.

Querschnittes, so sind die Achsabschnitte der Nullinie

$$x_n = -\frac{J_y}{F\,x_a}, \qquad y_n = -\frac{J_x}{F\,y_a},$$

bezeichnen endlich x und y die Koordinaten eines beliebigen Punktes in bezug auf die Hauptachsen, so ist die Spannung in diesem Punkte

$$\sigma = \frac{S}{F} + \frac{S\,x_a\,x}{J_y} + \frac{S\,y_a\,y}{J_x}.$$

Für die acht Querschnitte 0 bis 7 sind die Spannungen für die 3 Zustände

a) Eigengewicht, Wärmezunahme, Wind,
b) „ Wärmeabnahme, „
c) „ allein

ermittelt worden. Im folgenden sind die Berechnungen für den Kämpfer- und den Scheitelquerschnitt wiedergegeben.

Querschnitt 0.

Zu den Werten in der letzten Übersicht tritt noch die Einwirkung der Pfostenkraft K_0 (s. S. 19), welche eine Stabkraft $K_0 = 183$ t und ein Moment $M_b' = -183 \cdot 0{,}41 = -75$ mt ergibt, so daß man folgende Werte erhält:

Fall a).

$$M_a = -895 \text{ mt},$$
$$M_b = +772 \text{ mt},$$
$$S = 1455 \text{ t},$$

$$a = \frac{M_b}{S} = \frac{722}{1455} = 0{,}496,$$

$$b = \frac{M_a}{S} = -\frac{895}{1455} = -0{,}615;$$

aus der Fig. 18 ergibt sich

$$x_a = -0{,}74, \qquad y_a = -0{,}31.$$

Für die Nullinie ergibt sich

$$x_n = -\frac{J_y}{F\,x_a} = -\frac{27{,}20}{22{,}05\,(-0{,}74)} = +1{,}67,$$

$$y_n = -\frac{J_x}{F\,y_a} = -\frac{59{,}20}{22{,}05\,(-0{,}31)} = +8{,}65.$$

Die Maximaldruckspannung tritt im Eckpunkte C_0 ($x = -2{,}98$, $y = +1{,}04$) auf mit

$$\sigma = \frac{1455}{22{,}05} + \frac{1455\,(-0{,}74)\,(-2{,}98)}{27{,}20} + \frac{1455\,(-0{,}31)\,1{,}04}{59{,}20}$$

$$= +65{,}9 + 118{,}0 - 7{,}9$$

$$= -176{,}0 \text{ t/qm}.$$

Die Maximalzugspannung tritt in B_0 ($x = +1{,}41$ $y = +3{,}68$) auf mit

$$\sigma = \frac{1455}{22{,}05} + \frac{1455\,(-0{,}74)\,1{,}41}{27{,}20} + \frac{1455\,(-0{,}31)\,3{,}68}{59{,}20}$$

$$= +65{,}9 - 55{,}7 - 28{,}1$$

$$= -17{,}9 \text{ t/qm}.$$

Fall b).

$M_a = -1272$ mt, $M_b = -458$ mt, $S = 1371$ t.

$a = -0{,}334$, $b = -0{,}927$,
$x_b = -0{,}16$, $y_b = -0{,}97$,
$x_n = +7{,}71$, $y_n = +2{,}78$.

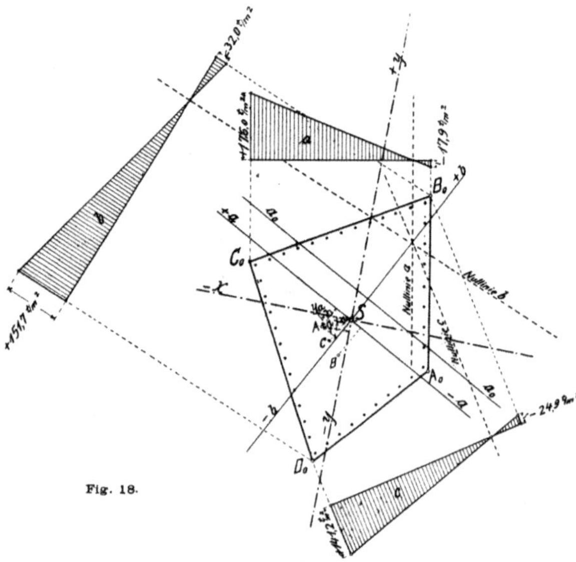

Fig. 18.

Maximaldruckspannung in D_0 ($x = -0{,}25$, $y = -3{,}89$)

$$\sigma = +151{,}7 \text{ t/qm}.$$

Maximalzugspannung in B_0 ($x = +1{,}41$, $y = +3{,}68$)

$$\sigma = -9{,}1 \text{ t/qm}.$$

Fall c).

$M_a = -1084$ mt, $M_b = +132$ mt, $S = 1413$ t,

$a = +0{,}093$, $b = -0{,}767$,
$x_c = -0{,}44$, $y_c = -0{,}64$,
$x_n = +2{,}81$, $y_n = +4{,}19$.
$\sigma_D = +141{,}2$ t/qm, $\sigma_B = -24{,}9$ t/qm.

Der Querschnitt ist bewehrt mit Rundeisen von 30 mm ⌀ in rd. 0,55 m Abstand, der erforderliche und der vorhandene Eisenquerschnitt betragen für die drei Fälle

a) Zugfläche: Trapez von i. M. 4,70 m Länge und 0,47 m Höhe,

$$\text{Zugkraft: } 4{,}70 \cdot 0{,}47 \; \frac{17{,}9}{2} = 19{,}8 \text{ t},$$

vorhanden 9 Rundeisen mit 63,6 qcm Querschnitt,

b) Zugfläche: Dreieck von 1,90 m Länge und 1,35 m Höhe,

$$\text{Zugkraft: } \frac{1{,}90 \cdot 1{,}35}{2} \cdot \frac{32{,}0}{3} = 13{,}6 \text{ t},$$

vorhanden 6 Rundeisen mit 42,4 qcm Querschnitt,

c) Zugfläche: Dreieck von 2,20 m Länge und 0,95 m Höhe,

$$\text{Zugkraft: } \frac{2{,}20 \cdot 0{,}95}{2} \cdot \frac{24{,}9}{3} = 8{,}7 \text{ t},$$

vorhanden 6 Rundeisen mit 42,4 qcm Querschnitt.

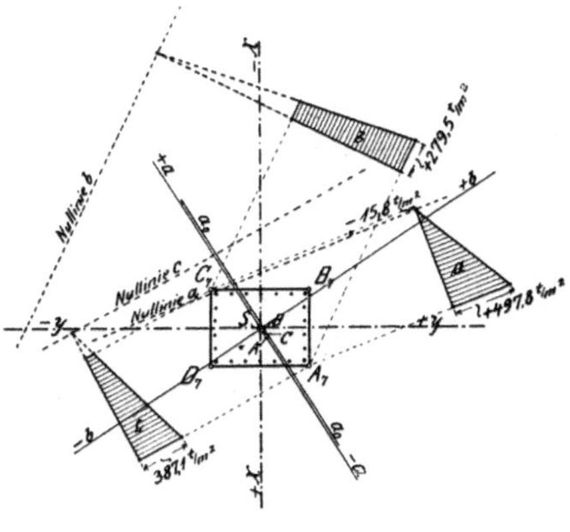

Fig. 19.

Querschnitt 7.

Fall a).

$M_a = +4$ mt, $M_b = -166$ mt, $S = 738$ t,
$a = -0{,}225$, $b = +0{,}005$,
$x_a = +0{,}18$, $y_a = +0{,}12$,
$x_n = -1{,}09$, $y_n = -2{,}78$.
$\sigma_A = +497{,}8$ t/qm, $\sigma_C = -15{,}8$ t/qm.

Fall b).

$M_a = +32$ mt, $M_b = -36{,}0$ mt, $S = 664$ t,
$\sigma_A = +279{,}5$ t/qm, $\sigma_C = +154{,}5$ t/qm.

Fall c).

$M_a = +18$ mt, $M_b = -101$ mt, $S = 701$ t,
$\sigma_A = +387{,}1$ t/qm, $\sigma_C = +70{,}9$ t/qm.

Der Querschnitt ist bewehrt mit 22 Rundeisen von 20 mm ⌀, in den Ecken 30 mm ⌀, so daß für die geringe Zugkraft eine sehr reichliche Bewehrung vorhanden ist (s. Fig. 19).

β) Torsionsspannungen.

Die auf S. 20 ermittelten Torsionsmomente sind in Fig. 17 aufgetragen worden, wobei das Vieleck durch eine durch dessen Ecken gehende Kurve ausgeglichen wurde. Im Querschnitte O sind wie bei den Biegungsmomenten (s. S. 19) auch hier die Wirkungen der Lasten P_o' und K_o zu berücksichtigen, welche nach ihrer Zerlegung in Komponenten in der Querschnittsebene und senkrecht zu dieser das Torsionsmoment erhöhen auf

$$-160 + 49 - 51 - 146 = -308 \text{ tm}.$$

Die größte Schubspannung tritt bei einem Rechtecke in der Mitte der längeren Seite auf und ist dort

$$\tau = \frac{9\, M_\vartheta}{2\, b^2\, h}.$$

Man erhält folgende Werte für die am stärksten beanspruchten Querschnitte

Querschnitt	0	1	2	6	
M_ϑ	−308	−65	+50	−15	mt,
τ_{max}	17,3	8,8	11,1	12,4	t/qm.

Obgleich diese Schubspannungen weit unter dem zulässigen Werte von 4,5 kg/qcm liegen, so sind doch in den Bogenflächen Schrägeisen eingelegt worden. Ihre Richtung ist in der Ansichtsfläche fallend von links oben nach rechts unten für negative Momente (s. Fig. 20). Die Bewehrung des Hauptbogens ist in Fig. 21 dargestellt, die Eiseneinlagen sind mit Granitfeinschotterbeton 1:3:3 umhüllt, die Kernteile aus Grobschotterbeton verschiedener Mischung von 1:6:8 bis 1:3:3 je nach den auftretenden Beanspruchungen hergestellt.

b) Strebenbinder.

Auf S. 17 sind die Kräfte X_a und X_b zu 150,6 t und 154,2 t aus Eigengewicht, zu 0,4 t und 11,9 t aus Wärmeänderung um +7,5°, zusammen also zu 151,0 t und 166,1 t ermittelt worden. Diesen in den Normalen zur Ausgleichebene wirkenden Kräften entsprechen obere Kämpferkräfte von $K_a^o = 156$ t und $K_b^o = 172$ t, durch das Hinzutreten der Lasten der Strebenbinder und der Apsidenaufbauten ergeben sich untere Kämpferkräfte $K_a^u = 220$ t und $K_b^u = 225$ t (s. Fig. 13 für Binder II). Es war jedoch verlangt, daß die Strebenbinder auch

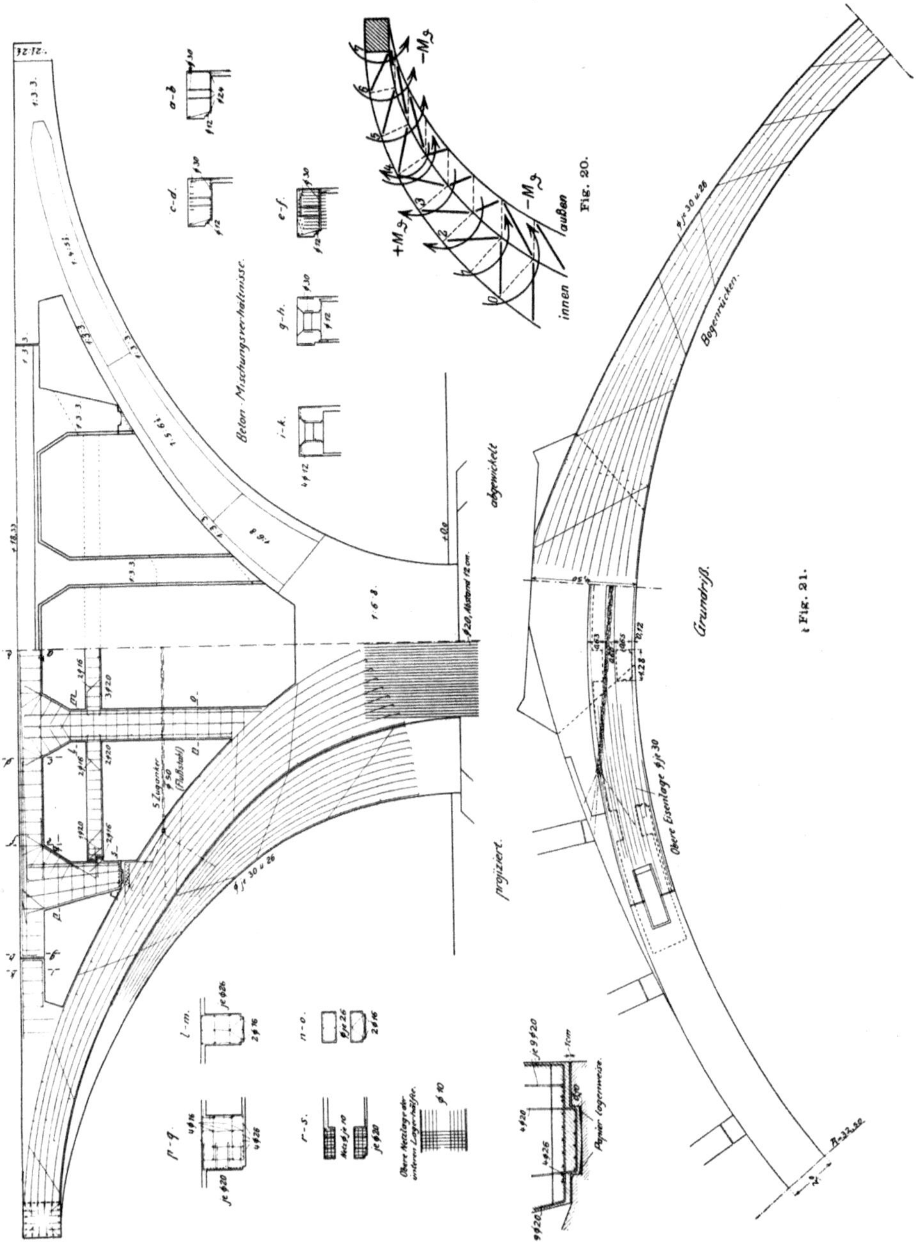
+M
−M
innen
außen
Beton-Mischungsverhältnisse
abgewickelt
projiziert
Grundriß
Bogenrücken

Fig. 20.

Fig. 21.

dann noch nicht überbeansprucht werden sollten, wenn durch unvorhergesehene Ereignisse die vollkommene Einspannung der Hauptbogen in den kräftigen Eckpfeilern vermindert oder durch stärkere Rissebildung sogar vollkommen aufgehoben sein ergeben die größten Kräfte und Momente in den Strebenbindern.

Im Strebenbinder I wird der ungünstigste Querschnitt II—II (s. Fig. 22) durch eine Kraft P = 234 t in 0,17 m Abstand von der inneren Laibung

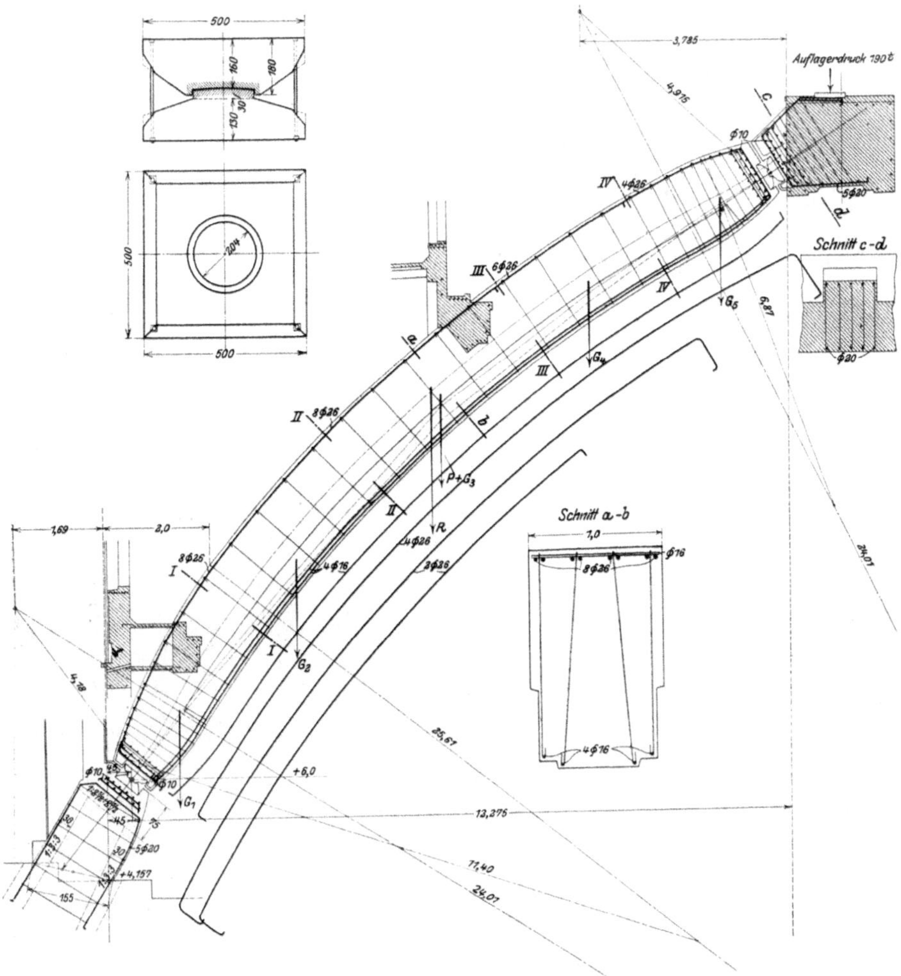

Fig. 22.

sollte. Die Strebenbinderkräfte ergeben sich dann angenähert durch Bildung der statischen Momente dieser sowie der Hauptbogengewichte in bezug auf das neu gebildete Kämpfergelenk des Hauptbogens, sie betragen $K_a^{o'} = 190$ t, $K_b^{o'} = 206$ t und beansprucht, der Querschnitt besitzt eine Druckbewehrung von 4 Rundeisen von 16 mm $\varnothing$ = 8,04 qcm und eine Zugbewehrung von 8 Stück von 26 mm $\varnothing$ = 42,5 qcm. Nach der genauen Berechnung unter Berücksichtigung der Doppelbewehrung ergeben sich die Beanspruchungen zu

$\sigma_b = 60{,}5$ kg/qcm Druck,
$\sigma_e' = 880$ „ „
$\sigma_e = 605$ „ Zug.

Im Strebenbinder II beträgt die größte Kraft

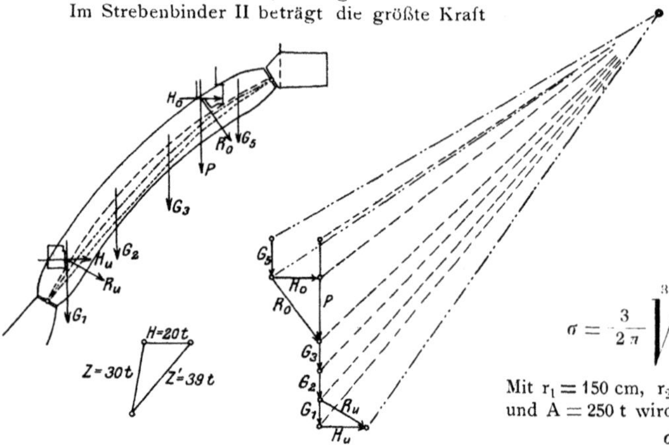

Fig. 23.

240 t in 0,18 m Abstand, der Querschnitt ist bewehrt mit 4 Druckeisen von 16 mm $\varnothing$ = 8,04 qcm und 9 Zugeisen von 30 mm $\varnothing$ = 63,6 qcm, die Beanspruchungen betragen

$\sigma_b = 54{,}8$ kg/qcm Druck,
$\sigma_e' = 782$ „ „
$\sigma_e = 392$ „ Zug.

Es ist somit eine sehr reichliche Zugbewehrung in diesen besonders wichtigen Gliedern vorgesehen, der Beton ist ein Granitfeinschotterbeton 1 : 3 : 3 von sehr großer Festigkeit.

Die Versteifungsbänder der Strebenbinder haben Eiseneinlagen von solcher Größe erhalten, daß sie bei den elastischen Verbiegungen der Strebenbinder nach außen infolge der Exzentrizität der Stützlinie keinesfalls reißen können. Die in den vieleckigen Bändern auftretenden Zugkräfte können nun höchstens so groß werden, daß ihre Komponente im Knickpunkte in der Binderebene die Stützlinie bis etwa in die Binderachse drückt (s. Fig. 23). Hierzu sind wagerechte Kräfte von etwa 20 t nötig, womit in den vieleckigen Versteifungsbändern Zugkräfte von 30 bis 40 t auftreten. Außer der für Eigengewicht erforderlichen Bewehrung sind zur Aufnahme dieser Zugkräfte im unteren Bande 5 Eisen von 28 mm $\varnothing$ = 30,8 qcm, im oberen 7 Stück von 28 mm $\varnothing$ = 43,1 qcm vorhanden.

Die Strebenbinder sind an den Hauptbogen und an den Apsidenpfeilern mit Stahlgußkugellagern angeschlossen, deren obere für 200 t, deren untere für 250 t Druck berechnet worden sind und bei 100 kg/qcm zulässiger Betonbeanspruchung Abmessungen von 45 · 45 cm und 50 · 50 cm besitzen. Die Beanspruchung in den Kugelflächen beträgt nach Hertz

$$\sigma = \frac{3}{2\pi}\sqrt[3]{A\left(\frac{3}{2}\cdot\frac{\frac{1}{r_1}-\frac{1}{r_2}}{\frac{1}{E_1}+\frac{1}{E_2}}\right)^2}$$

Mit $r_1 = 150$ cm, $r_2 = 190$ cm, $E_1 = E_2 = 2200$ t/qcm und $A = 250$ t wird

$$\sigma = 5{,}28 \text{ t/qcm},$$

Fig. 24.

während die zulässige Grenze etwa 6 beträgt; die Berührungsfläche ist ein Kreis vom Durchmesser

$$d = \sqrt{\frac{A \cdot 4}{\sigma \cdot \pi}} = 7{,}8 \text{ cm}.$$

Die Höhe der Lagerteile in der Mitte ist nach der Formel für Platten mit Einzellast in der Mitte und gleichmäßig verteiltem Gegendruck ermittelt.

$$\sigma_{max} = 1{,}5\,\varphi\,\frac{a\,b}{a^2 + b^2} \cdot \frac{A}{s^2},$$

für $a = b$ wird

$$\sigma_{max} = 0{,}75\,\varphi\,\frac{A}{s^2}$$

setzt man als zulässige Biegungsbeanspruchung des Stahles (von 4,8 bis 5,8 t/qcm Festigkeit) $\sigma_{max} = 1{,}500$ t/qcm, so wird die Stärke mit $\varphi = 2{,}00$

$$s = \sqrt{\frac{1{,}50 \cdot 250}{1{,}500}} = 15{,}8 \text{ cm},$$

gewählt wurden 16 cm in dem mittleren 28,4 · 28,4 cm großen Teile. Für die oberen Lager ergibt sich

$$s = 14{,}1 \text{ cm},$$

gewählt wurden 14,5 cm.

Zur Aufnahme der hohen Betonspannung unter den Lagern hat der Beton daselbst eine Bewehrung mit Netzeinlagen erhalten.

Fig. 24 gibt ein Bild der Apside mit den 5 m weit auskragenden Balken. Im Hintergrunde ist der nichttragende kurze Strebenbinder zu sehen, der auf dem Hauptbogen und seinem Fuße konsolartig gelagert ist, damit er keine Stützkräfte des Hauptbogens erhält; davor sind die tragenden Strebenbinder, deren Kugellager verkleidet sind, mit den kräftigen Versteifungsbändern.

IV. Windrahmen.

(Nach der Berechnung von Dyckerhoff u. Widmann).

Die vier Pfosten über den Eckpfeilern sind, wie bereits eingangs erwähnt, zu einem steifen Rahmen, dem sogen. Windrahmen, zusammengefaßt, dessen Mittelpfosten eingespannt, dessen Außenpfosten gelenkig auf den Hauptbögen gelagert sind. Dieser Rahmen wird beansprucht durch die Kuppellasten, den Winddruck und das Rahmeneigengewicht. Die geringe Krümmung im Grundrisse ist nicht in Rechnung gesetzt worden, der Rahmen vielmehr als ebenes Gebilde berechnet worden. Das im allgemeinen 7fach statisch unbestimmte System wird bei einer im Riegel angreifenden wagerechten Kraft nur noch 3fach unbestimmt, für die Einwirkung des Eigengewichtes sind gewisse vereinfachende Annahmen gemacht worden.

1. Einwirkung des Winddruckes.

Als Hauptsystem wurde nicht ein statisch bestimmtes System gewählt, sondern der mittlere Rahmen unter Annahme gelenkiger Lagerung, also ein Zweigelenkbogen. Dessen Bogenkraft X läßt sich dann ausdrücken als Funktion der Kraft W und der 3 statisch unbestimmten Größen Z_1, Z_2, Z_3. Zur Ermittelung der Stützenwiderstände werden die Einwirkungen der Kräfte auf das Grundsystem getrennt untersucht, und zwar 1. Winddruck, 2. die zwei Kräfte Z_1 links und rechts, 3. das Kräftepaar aus den beiden Z_2, 4. desgl. die beiden Momente Z_3. Die Stützenwiderstände sind folgende (s. Fig. 25):

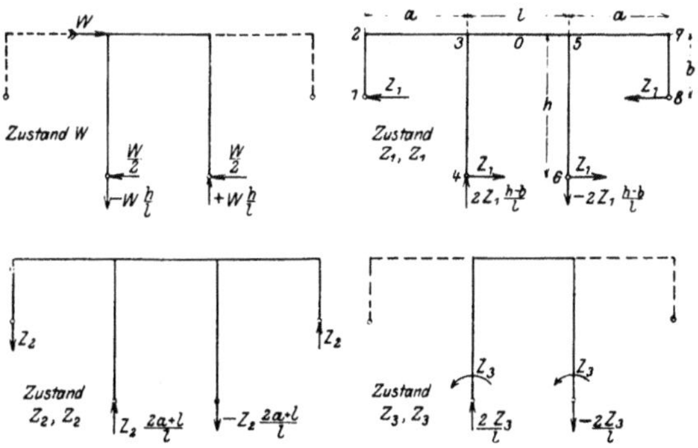

Fig. 25.

	H_a	H_b	A	B
W	$\frac{W}{2}$	$\frac{W}{2}$	$-W\frac{h}{l}$	$+W\frac{h\ b}{l}$
Z_1, Z_1	Z_1	Z_1	$2Z_1\frac{h-b}{l}$	$-2Z_1\frac{h-}{l}$
Z_2, Z_2	—	—	$Z_2\frac{2a+l}{l}$	$-Z_2\frac{2a+l}{l}$
Z_3, Z_3	—	—	$\frac{2Z_3}{l}$	$-\frac{2Z_3}{l}$

Durch Übereinanderlegen der 4 Belastungsfälle erhält man die auf das Grundsystem wirkenden Kräfte (Fig. 26). Die 3 statisch unbestimmten Größen Z werden mittels der Arbeitsgleichung unter Voraussetzung starrer Stützpunkte berechnet. Hierzu dienen unter Einführung gleichen Trägheitsmomentes und gleichen Elastizitätsmaßes die drei Gleichungen

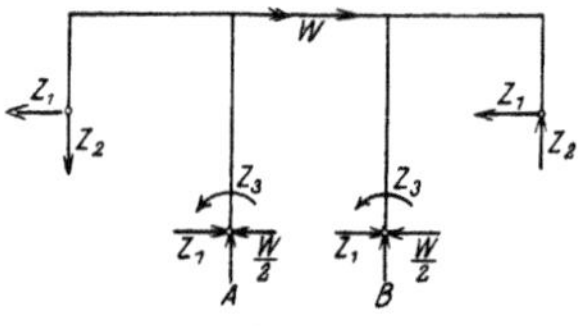

Fig. 26.

$$\int M \frac{dM}{dZ_1}\, ds = 0,$$

$$\int M \frac{dM}{dZ_2}\, ds = 0,$$

$$\int M \frac{dM}{dZ_3}\, ds = 0.$$

Es werden in Form einer Übersicht für jeden Stab getrennt angeschrieben M_0 = Moment infolge W, M_1 infolge Z_1, M_2 infolge Z_2, M_3 infolge Z_3, ferner $\frac{dM}{dZ}$ und $M\frac{dM}{dZ}$ je für Z_1, Z_2 und Z_3. In folgender Übersicht sind als Beispiel nur die Stäbe 1/2 und 2/3 aufgeführt, die umständlicheren Werte für 3/4 und vor allem 3/0 sind fortgelassen.

Stab	1/2	2/3	usw.
M_0	0	0	
M_1	$+Z_1(b-y)$	$+Z_1 \cdot b$	
M_2	0	$-Z_2\left(a+\frac{l}{2}-x\right)$	
M_3	0	0	
M	$+Z_1(b-y)$	$+Z_1 b - Z_2\left(a+\frac{l}{2}-x\right)$	
$\frac{dM}{dZ_1}$	$+(b-y)$	$+b$	
$\frac{dM}{dZ_2}$	0	$-\left(a+\frac{l}{2}-x\right)$	
$\frac{dM}{dZ_3}$	0	0	
$M\frac{dM}{dZ_1}$	$+Z_1(b-y)^2$	$Z_1 b^2 - Z_2 b\left(a+\frac{l}{2}-x\right)$	
$M\frac{dM}{dZ_2}$	0	$Z_2\left(a+\frac{l}{2}-x\right)^2 - Z_1 b\left(a+\frac{l}{2}-x\right)$	
$M\frac{dM}{dZ_3}$	0	0	

Es genügt, die Momente für eine Rahmenhälfte zu berechnen, da wegen der Symmetrie die Momente beider Hälften einander gleich sind, jedoch das entgegengesetzte Vorzeichen besitzen. Die Integrale einer jeden Hälfte müssen also Null werden. Die drei Arbeitsgleichungen sind in der Weise zusammenzustellen, daß die Werte

$$\int M \frac{dM}{dZ_1} \cdot ds$$

für alle Stäbe zusammengeschrieben und Null gesetzt werden, desgleichen die Werte für Z_2 und Z_3 je für sich. Die Integration hat sich für Stab 1/2 von 0 bis b, Stab 2/3 0 bis a, Stab 3/4 von 0 bis h, Stab 4/0 von 0 bis $\frac{l}{2}$ zu erstrecken. Man erhält

$$\begin{aligned}\int M \frac{dM}{dZ_1} = {} & Z_1\left[\frac{b^3+h^3}{3} + b^2 a + \frac{(h-b)^2 l}{6}\right] \\ & - Z_2\left[\frac{b a^2}{2} + \frac{b a l}{2} - \frac{a(h-b) l}{6}\right] \\ & + Z_3\left[\frac{h^2}{2} + \frac{(h-b) l}{6}\right] \\ & - W\left[\frac{h^3}{6} + \frac{h(h-b) l}{12}\right] = 0 \quad \ldots (1\end{aligned}$$

$$\begin{aligned}\int M \frac{dM}{dZ_2} = {} & -Z_1\left[\frac{b a^2}{2} + \frac{b a l}{2} - \frac{a(h-b) l}{6}\right] \\ & + Z_2\left[\frac{2 a^2 l}{3} + \frac{a l^2}{4} + \frac{a^3}{3}\right] \\ & + Z_3\left[\frac{a l}{6}\right] - W\left[\frac{a h l}{12}\right] = 0 \quad \ldots (2\end{aligned}$$

$$\begin{aligned}\int M \frac{dM}{dZ_3} = {} & Z_1\left[\frac{h^2}{2} + \frac{(h-b) l}{6}\right] + Z_2\left[\frac{a l}{6}\right] \\ & + Z_3\left[h + \frac{l}{6}\right] - W\left[\frac{h^2}{4} + \frac{h l}{12}\right] = 0 \quad \ldots (3\end{aligned}$$

Als Probe der Richtigkeit gilt, daß die Beiwerte A_{12} und A_{21} usw. einander gleich sind.

Nach Einsetzen der Stablängen erhält man

1) $392{,}953\,Z_1 - 133{,}368\,Z_2 + 46{,}056\,Z_3 - 146{,}502\,W = 0,$
2) $-133{,}368\,Z_1 + 355{,}302\,Z_2 + 7{,}205\,Z_3 - 32{,}423\,W = 0,$
3) $46{,}056\,Z_1 + 7{,}205\,Z_2 + 10{,}096\,Z_3 - 25{,}181\,W = 0.$

Man erhält

$Z_1 = 0{,}370\,W$ in t,
$Z_2 = 0{,}217\,W$ in t,
$Z_3 = 0{,}650\,W$ in mt,

und mit $W = 55{,}85$ t Winddruck für eine Kuppelhälfte

$Z_1 = 20{,}85$ t,
$Z_2 = 12{,}30$ t,
$Z_3 = 35{,}50$ mt.

Aus diesen Werten lassen sich alle Momente und Auflagerkräfte ermitteln, sie sind in Fig. 27 eingetragen.

2. Einwirkung des Eigengewichtes.

Der Riegel wird mit 4,7 t/m Eigengewicht belastet. Wenn man, was angängig ist, die Einspannung des Riegels an den Mittelstützen vernachlässigt, so wird der Rahmen ein Zweigelenkrahmen mit beweglicher Lagerung auf 2 Mittelstützen. Mit genügender Annäherung kann man das System unter Aufklappen der Endpfosten als durchgehenden Balken auf 6 Stützen auffassen, der in den drei mittleren Öffnungen belastet ist. Man erhält dann die in Fig. 28 gezeichneten Eigengewichtsmomente.

3. Zusammenfassung.

Die Summe der Momente aus Winddruck und Eigengewicht ist in Fig. 29 dargestellt, die Pfosten erhalten außerdem noch die Kuppellasten in Höhe von 200 t. Unter Vernachlässigung der Eisen im jeweiligen Druckgurtquerschnitt wurden die Zugeisen der auf Biegung beanspruchten Querschnitte nach den üblichen Dimensionierungstabellen bestimmt. Die Bewehrung ist aus Fig. 21 zu er-

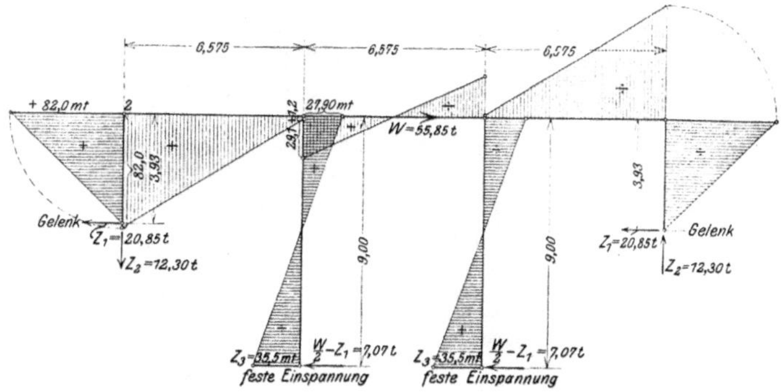

Fig. 27.

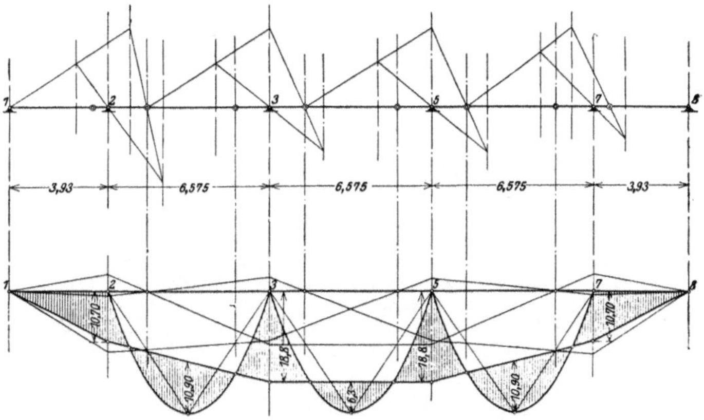

Fig. 28.

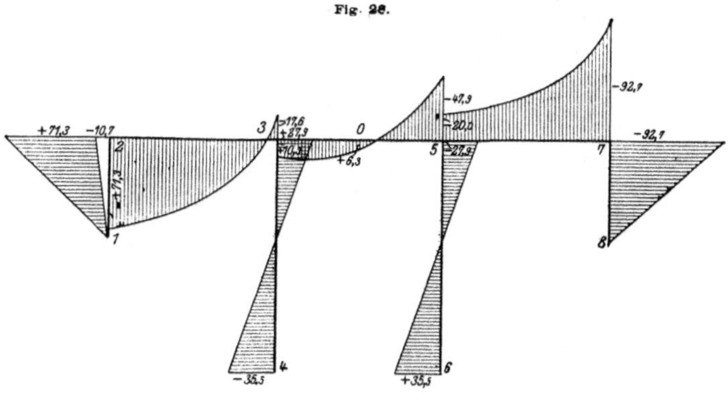

Fig. 29.

Fig. 30.

sehen. Auch die Mittelpfosten sind, wiewohl sie infolge der großen Kuppellasten nur Druck erhalten, kräftig bewehrt worden, besondere Beachtung wurde einer guten Ausbildung der Rahmenecken gewidmet. Fig. 30 gibt die doppelt gekrümmten Hauptbogen und den Windrahmen über dem Eckpfeiler wieder. Die Pfosten haben Aussparungen für die Heizkanäle erhalten. Wie der Rahmen architektonisch ausgestaltet werden soll, hängt im wesentlichen von der Akustik der Halle ab. Die Felder zwischen den Pfosten sollen entweder mit Stoff bespannt oder mit einer Eisenbetonwand geschlossen werden. In dem jetzigen unfertigen Zustande kommt gut die statische Wirkung der einzelnen Teile zur Geltung, die auch bei etwas zurücktretender Wandfüllung noch erhalten bleiben würde.

V. Kuppel.

Die Kuppel ist, wie eingangs bereits kurz erwähnt, eine Rippen-

Fig. 31.

kuppel. Sie besteht aus 32 halben Bindern, die sich unten gegen einen Zugring von 65,0 m lichter Weite, oben gegen einen Druckring von 14,4 m l. W. stützen, die Pfeilhöhe beträgt 16,1 m. Der Druckring wird durch eine 5,75 m hohe Laterne aus 4 sich kreuzenden Bindern ausgesteift, während die Kuppelbinder durch drei an die Ringdecken anschließende, auf Vorschlag der Firma tief in den Binder herabgezogene, Versteifungsrippen gegen seitliches Ausknicken gesichert werden (s. Fig. 2 u. 3 und Fig. 32 u. 33). Unter den Kämpfern jedes Binders ist ein Stelzenlager mit Kippvorrichtung angeordnet.

Da die Strebenbinder aus konstruktiven Gründen ziemlich hoch an dem Hauptbogen ansetzen und da ihre oberen Kämpferkräfte infolgedessen nicht die Bogenachse treffen, würden beträchtliche Torsionsmomente im Hauptbogen hierdurch auftreten. Um diesen entgegenzuwirken, ruhen die Kuppellager 0,18 m außerhalb der Mittellinie der Hauptbogen, so daß der Auflagerdruck mit der Kämpferkraft eine die Bogenachse treffende Resultante bildet (s. Fig. 22).

Die Kuppel besitzt somit 67,36 m Stützweite und ist mit diesen Abmessungen zurzeit bei weitem die größte Eisenbetonkuppel der Welt.

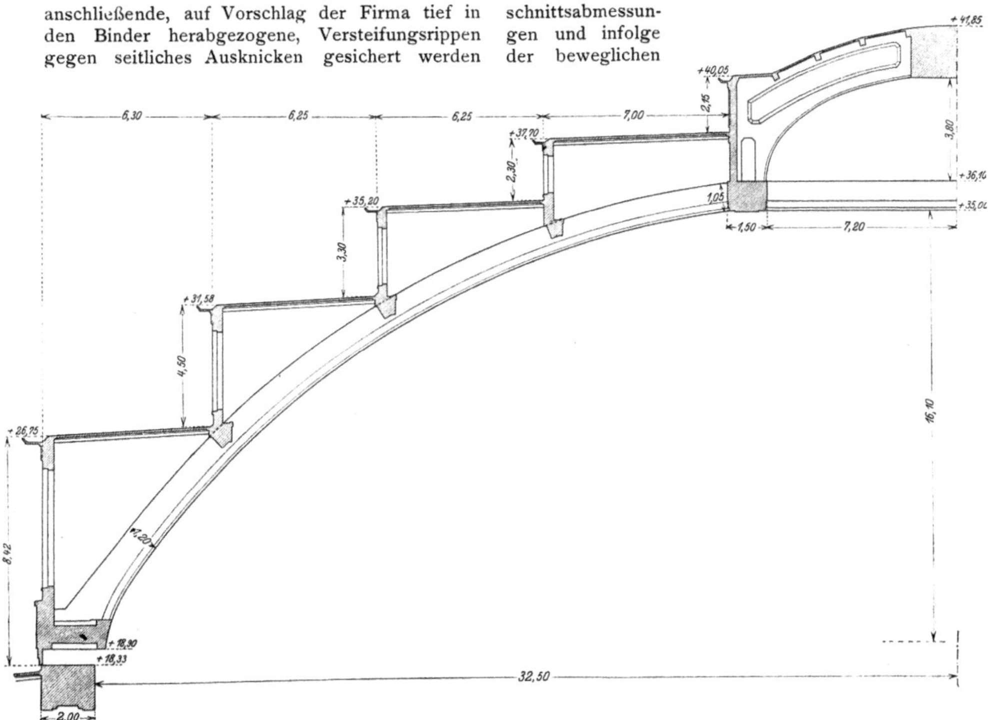

Fig. 32.

1. Allgemeine Wirkung des Tragwerkes.

Das Kuppeltragwerk stellt trotz seiner einfachen Form bereits für gleichmäßig verteilte senkrechte Lasten infolge mehrfacher Unbestimmtheit ein verhältnismäßig schwieriges Gebilde dar. Der untere Zugring bietet zwar infolge der im Verhältnis zum Kuppeldurchmesser geringen Querschnittsabmessungen und infolge der beweglichen Lagerung des Zugringes einem Verdrehen der Kuppelbinder am Kämpfer einen nur geringen Widerstand, der vernachlässigt werden kann. Von den die Kuppelbinder aussteifenden Versteifungsrippen samt Ringdecken sind nur die untersten beiden berücksichtigt worden, da der Einfluß der oberen beiden erheblich zurücktritt. Im Gegensatze zu dem Zugringe mußte dagegen der Widerstand des Druckringes gegen Verdrehung berücksichtigt werden, um so mehr, als dieser durch die sehr kräftigen Laternenbinder wirksam ausgesteift wird.

Der Druckring samt Laternenbindern ist nun durch ein wagerechtes Stück Kuppelbinder ersetzt gedacht, dessen Trägheitsmoment so groß ist, daß die Verbiegung dieses Binderstückes bei verschiedenen äußeren Kräften der Verdrehung des

Druckringes samt Laternenbindern gleich ist. Die Abmessungen dieses gedachten Ersatzstückes, durch das je zwei gegenüberliegende halbe

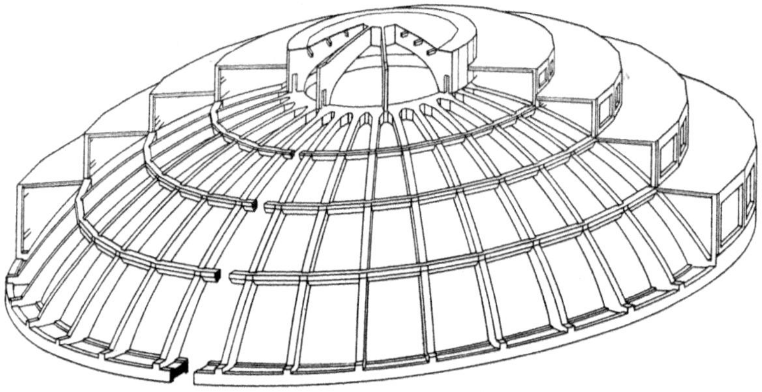

Fig. 33.

Kuppelbinder zu einem Zweigelenkbogen werden, sind in folgender Weise bestimmt worden:

a) Gleichmässig verteilte Lasten.

α) Druckring ohne Laternenbinder.

Es wurde zunächst von der aussteifenden Wirkung der Laternenbinder abgesehen und der Fall betrachtet, daß am Kämpfer sämtlicher 32 halben Binder eine Bogenkraft $H = \frac{1}{16,1}$ t, also am Druckringe ein Moment $M = 1$ tm wirke.

Führt man in der Mitte zwischen je zwei Bindern Schnitte $t_1 - t_1$, $t_2 - t_2$, so hat man daselbst Momente M_r anzubringen, die dem äußeren Momente M das Gleichgewicht halten, sie ergeben sich zu

$$M_r = M \frac{r}{\frac{2 r \pi}{32}} = 5,1 \text{ M}.$$

Das Moment M_r muß gleich sein der Summe aller Spannungen σ in dem Querschnitte t, also

$$\int_0^b \int_0^d \sigma \, d f \cdot x = M_r$$

$$2 \frac{\sigma_0 d}{4} \cdot \frac{d}{3} \cdot b = M_r$$

$$\sigma_0 = \frac{6 M \cdot 5,1}{d^2 b}.$$

Setzt man die Zahlenwerte ein, so erhält man

$$\sigma_0 = \frac{6 \cdot 1000 \cdot 100 \cdot 5,1}{110 \cdot 110 \cdot 150} = 1,68 \text{ kg/qcm}.$$

Die Verlängerung der mittleren Faser ist

$$d_l = \frac{\sigma_0 l}{E} = \frac{1,68 \cdot 156}{140\,000} = 0,001\,87 \text{ cm},$$

die radiale Verschiebung

$$d_r = d_l \frac{r}{l}$$

$$= \frac{0,001\,87 \cdot 795}{156}$$

$$= 0,009\,55 \text{ cm},$$

der Verdrehungswinkel

$$\vartheta_d = \frac{2 d r}{d}$$

$$= \frac{2 \cdot 0,009\,55}{110}$$

$$= 0,000\,173\,3.$$

β) Druckring mit Laternenbinder.

Durch die aussteifende Wirkung der Laternenbinder wird die Verdrehung des Druckringes wesentlich verringert. Da zwischen den 32 halben Kuppelbindern nur 8 halbe Laternenbinder stehen, hat man auf jeden Kuppelbinder $^1/_4$ Laternenbinder oder einen Laternenbinder von $^1/_4$ des tatsächlich vorhandenen Trägheitsmomentes zu rechnen.

Untersuchung des Laternenbinders allein.

Es werde zunächst von der Verdrehbarkeit des Druckringes, also der Widerlager für die Laternenbinder, abgesehen, d. h. es werden zunächst starre Widerlager angenommen. Der Laternenbinder ist also dreifach statisch unbestimmt.

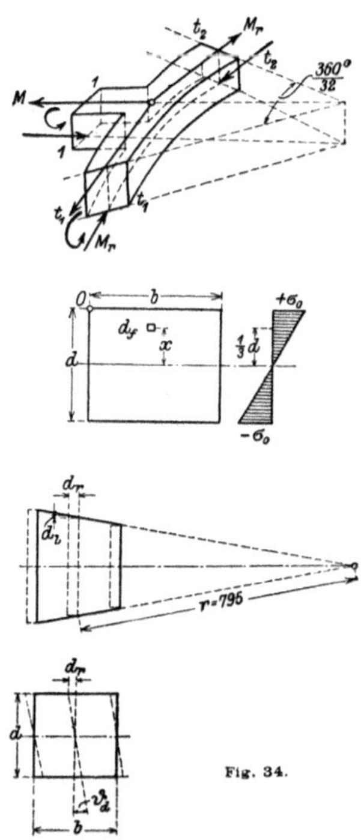

Fig. 34.

Man führt nun in üblicher Weise in der Mitte einen Schnitt und bringt die drei Unbekannten, das Moment X_a, die Querkraft X_b und die Normalkraft X_c an (s. Fig. 35).

Man erhält den Angriffspunkt von X_c in 3,60 m über der Kämpferlinie und die Werte

$$\frac{1}{2}\,\delta_{aa} = -\frac{\varrho_i}{s_i} = +\frac{0,223}{5270} = 0,000\,042\,3$$

$$\frac{1}{2}\,\delta_{cc} = \frac{0,266}{2}\text{ mm} = 0,000\,133\text{ m},$$

für $\frac{J}{4}$ sind diese Werte zu vervierfachen, also

wird
$$\frac{1}{2}\,\delta''_{aa} = 0,000\,169\,2$$
$$\frac{1}{2}\,\delta''_{cc} = 0,000\,532\text{ m}.$$

Zustand $X_a = 1$.

Das Moment $X_a = -1$ ruft hervor (Fig. 36b)

1. eine Verbiegung des Binders,
2. eine Verdrehung des Druckringes.

Die Verdrehungen δ_a und die Verschiebungen δ_c setzen sich also aus zwei Teilen zusammen.

Die Verdrehung des Binders beträgt

1. durch dessen Verbiegung allein

$$\frac{1}{2}\,\delta''_{aa} = 0,000\,169\,2,$$

2. durch die Verdrehung des Druckringes allein

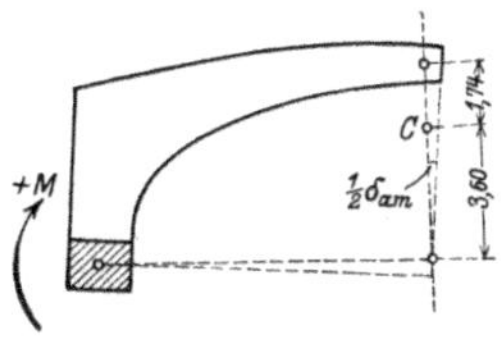

Fig. 36 a.

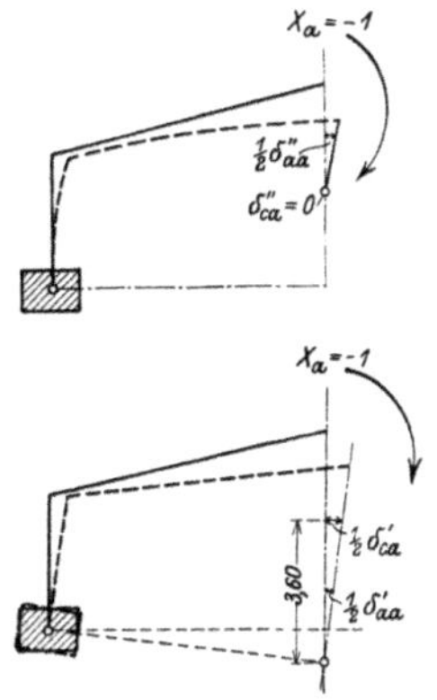

Fig. 36 b.

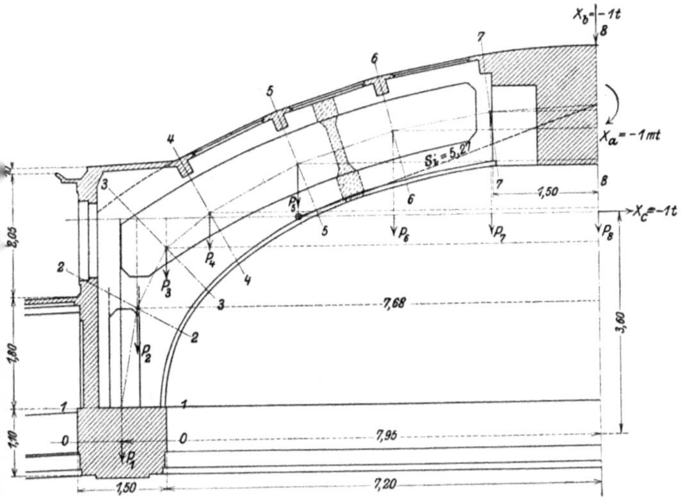

Fig. 35.

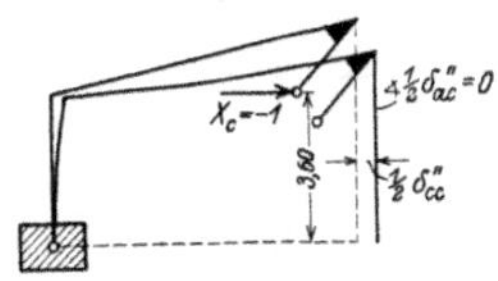

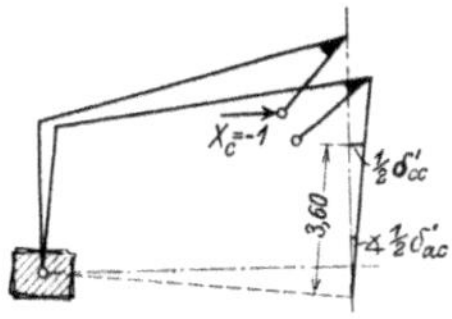

Untersuchung des Doppelgebildes.

Es werde jetzt das Doppelgebilde, Druckringstück mit Laternenbinder von ¼ J betrachtet und wieder der Mittelschnitt geführt.

Hauptnetz.

Im Hauptnetze erhält man unter dem äußeren Momente M = 1 die folgenden Verdrehungen und Verschiebungen (Fig. 36a).

Der Querschnitt verdreht sich um das Maß

$$\frac{1}{2}\,\delta'_{am} = \vartheta'_d = 0,000\,173\,3$$

gegen die Lotrechte, der Punkt C verschiebt sich um das Maß

$$\frac{1}{2}\,\delta'_{cm} = 3,60\,\vartheta'_d = 3,60 \cdot 0,000\,173\,3 = 0,000\,623\text{ m}.$$

$$\frac{1}{2}\,\delta'_{aa} = \vartheta'_d = 0,000\,173\,3,$$

zusammen also

$$\delta_{aa} = \delta''_{aa} + \delta'_{aa} = 2 \cdot 0,000\,342\,5.$$

Die Verschiebung des Binderpunktes C beträgt

1. infolge der Verbiegung des Binders allein

$$\frac{1}{2}\,\delta''_{ca} = 0,$$

2. infolge der Verdrehung des Druckringes allein

$$\frac{1}{2}\,\delta'_{ca} = 0,000\,173\,3 \cdot 3,60 = 0,000\,623\text{ m},$$

zusammen also

$$\delta_{ca} = 2 \cdot 0{,}000\,623 \text{ m.}$$

Zustand $X_c = -1$.

In gleicher Weise ist für die Kraft $X_c = -1$ die Verdrehung des Binders (Fig. 36c)

$$\frac{1}{2}\,\delta''_{ac} = 0,$$

$$\frac{1}{2}\,\delta'_{ac}$$

$$= 3{,}60 \cdot 0{,}000\,1733$$

$$= 0{,}000\,623,$$

zusammen also

$$\delta_{ac} = 2 \cdot 0{,}000\,623,$$

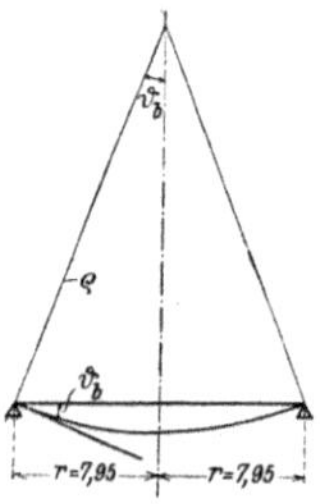

Fig. 37.

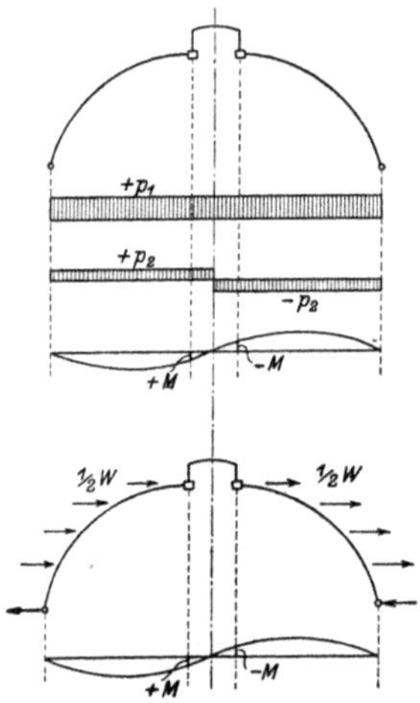

Fig. 38.

die Verschiebung des Punktes C

$$\frac{1}{2}\,\delta''_{cc} = 0{,}000\,532 \text{ m},$$

$$\frac{1}{2}\,\delta'_{cc} = 3{,}60 \cdot 0{,}000\,623 = 0{,}002\,248 \text{ m},$$

zusammen also

$$\delta_{cc} = 2 \cdot 0{,}002\,780 \text{ m.}$$

Ermittelung von X_a und X_c.

Es ist

$$\delta_{ma} - X_a\,\delta_{aa} - X_c\,\delta_{ac} = 0$$

$$\delta_{mc} - X_a\,\delta_{ca} - X_c\,\delta_{cc} = 0,$$

$$X_a\,0{,}000\,342\,5 + X_c\,0{,}000\,623 = 0{,}000\,173\,3,$$

$$X_a\,0{,}000\,623 + X_c\,0{,}002\,780 = 0{,}000\,623,$$

$$X_c = +\,0{,}187 \text{ t},$$

$$X_a = +\,0{,}166 \text{ mt.}$$

Die Verdrehung des Druckringes beträgt

$$\vartheta_d\,M = 0.000\,173\,3\,(1{,}000 - 0{,}166 - 0{,}187 \cdot 3{,}60)$$

$$= 0{,}000\,027\,90.$$

Ersetzt man das Doppelgebilde, Druckring mit Laternenbindern, zunächst durch einen wagerechten Balken (für jeden der 16 ganzen Binder) vom Querschnitte des anschließenden Binderstückes, 0,65/1,05 m, mit dem Trägheitsmoment $J = 0{,}0627 \text{ m}^4$, so ergibt sich für das Moment $M = 1$ mt mit

$$\varrho = \frac{E\,J}{M} = 87\,800 \text{ m}$$

für die Neigung der Tangente der Wert

$$\sin\vartheta_b = \vartheta_b = \frac{r}{\varrho} = \frac{7{,}95}{87\,800} = 0{,}000\,090\,5.$$

Der Druckring mit Laternenbindern ist also zu ersetzen durch ein Binderstück vom Trägheitsmomente

$$J' = J\,\frac{0{,}000\,090\,5}{0{,}000\,027\,90} = J \cdot 3{,}24,$$

d. h. vom etwa 3 fachen des anschließenden Kuppelbinderstückes.

b) Ungleichmäßig verteilte Lasten.

Eine ungleichmäßige Belastung je zweier gegenüber liegenden Binderhälften kann man sich ersetzt denken durch eine gleichmäßig verteilte mittlere Belastung und positive Zusatzlasten auf der einen, negative Zusatzlasten auf der anderen Seite. Die gleichmäßig verteilte Last ruft am Anschlusse an den Druckring auf der linken wie auf der rechten Binderhälfte gleich große, gleich wirkende Momente (je nach innen oder nach außen) hervor, die ungleichmäßige Belastung dagegen gleich große, aber entgegengesetzt wirkende Momente. Die gleiche Wirkung ergibt Winddruck, insofern als durch die aussteifende Wirkung der Ringdecken je die Hälfte auf der Luv- und auf der Leeseite angreifend angesetzt werden kann (Fig. 38). (S. Berechnung auf Winddruck.)

Betrachtet man zwei gegenüberliegende Binderhälften, an denen links + M, rechts — M

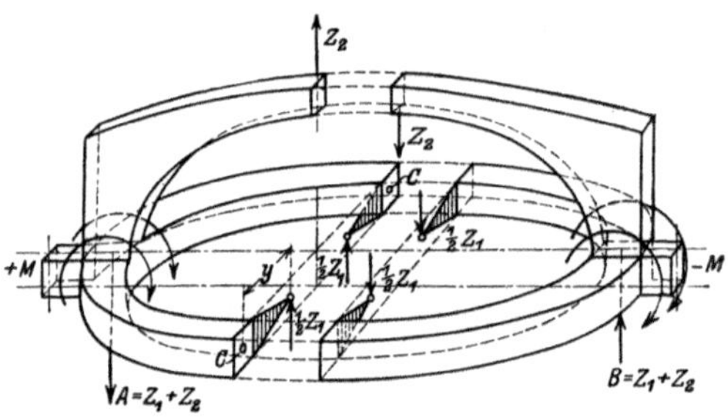

Fig. 39.

angreifen mögen, und schneidet man den Druckring und zugehörigen Laternenbinder durch einen Achsenschnitt, so muß man zur Herstellung des Gleichgewichts außer den Auflagerkräften A und B im Schnitte Querkräfte Z_1 und Z_2 anbringen. Von diesen greift Z_2 im Laternenbinderschnitte an, Z_1 dagegen nicht in den Druckringschnitten, sondern an anschließenden starren Scheiben im Abstande y. Von der geringen Mitwirkung der unter 45° zur Verbindungslinie A—B liegenden Rahmen und der diagonal stehenden Kuppelbinder kann zur Vereinfachung abgesehen werden, sie entlasten sowohl den betrachteten Binder als den Druckring. Man kann je 4 Binder zusammenfassen und deren Wirkung mit dem Druckring und je einem Laternenbinder betrachten (Fig. 39).

α) Druckring ohne Laternenbinder.

Bei der Ermittelung der Verdrehung des Druckringes durch die beiden Momente $+M$ und $-M$ muß man die Torsionswirkungen berücksichtigen, da man sonst völlig unzutreffende Ergebnisse erhält.

Betrachtet man den Druckring allein, so müssen Querkräfte $\frac{1}{2} Z_1$ in solchem Abstande y von der Druckringachse angebracht werden, daß die Querkräfte $\frac{1}{2} Z_1$ im Verein mit den Momenten $\frac{1}{2} Z_1 \cdot y$ Verdrehungen der geschnittenen Querschnitte t verhindern.

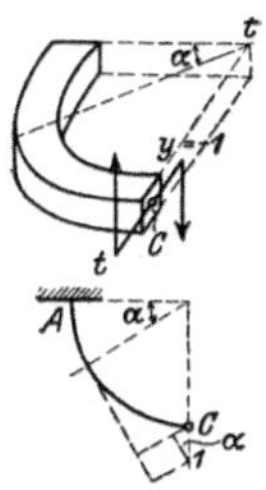

Fig. 40.

Die Verdrehung der Querschnitte t setzt sich zusammen aus der Wirkung der Biegungsmomente von A—C und aus der Wirkung der Torsionsmomente auf dieser Strecke. Außerdem wird noch die senkrechte Verschiebung der Punkte C gegen die Tangente in A ermittelt. Es werden getrennt die Zustände $\frac{1}{2} Z_1 \cdot y = Z \cdot y = Y$ und $\frac{1}{2} Z_1 = Z$ betrachtet.

Zustand $Y = 1$.

Ein Moment $Y = 1$ mt erzeugt in einem Querschnitte α ein Biegungsmoment $M_{by} = +1 \cos \alpha$ und ein Drehmoment $M_{\vartheta y} = 1 \sin \alpha$.

Biegungsmoment.

Die Verdrehung des Querschnittes t—t infolge des Biegungsmomentes y in der Richtung des Momentes y ist

$$\delta'_{yy} = \frac{1}{EJ} \int_0^{\pi/2} M_{by} M_{by} \, ds$$

$$= \frac{1}{EJ} \int_0^{\pi/2} \cos^2 \alpha \, r \, d\alpha$$

$$\delta'_{yy} = \frac{r \pi}{4 EJ}.$$

Die Verschiebung des Querschnittes t — t infolge des Biegungsmomentes Y in der Richtung der Kraft Z ist mit $M_{bz} = +r \cos \alpha$

$$\delta'_{zy} = \frac{1}{EJ} \int_0^{\pi/2} M_{bz} M_{by} \, ds$$

$$= \frac{1}{EJ} \int_0^{\pi/2} r \cos \alpha \cos \alpha \, r \, d\alpha$$

$$\delta'_{zy} = \frac{r^2 \pi}{4 EJ}.$$

Drehmoment.

Die Verdrehung zweier um die Längeneinheit voneinander entfernten Querschnitte durch ein Drehmoment ist bei rechteckigem Querschnitte

$$\vartheta = 3{,}6 \frac{b^2 + h^2}{b^3 h^3} \cdot \frac{M_\vartheta}{G},$$

worin $G = 55\,000$ kg/qcm das Gleitmaß des Betons ist.

Setzt man

$$3{,}6 \frac{b^2 + h^2}{b^3 h^3} = \frac{1}{J''},$$

so wird

$$\vartheta = \frac{M_\vartheta}{J'' G}$$

und die Summe der Verdrehungen

$$\delta'' = \frac{1}{J'' G} \int M_\vartheta \, ds.$$

Für $Y = 1$ mt wird die Verdrehung des Querschnittes t — t durch Y in der Richtung von Y

$$\delta''_{yy} = \frac{1}{J'' G} \int_0^{\pi/2} M_{\vartheta y} M_{\vartheta y} \, ds$$

$$= \frac{1}{J'' G} \int_0^{\pi/2} \sin^2 \alpha \, r \, d\alpha$$

$$\delta''_{yy} = \frac{r \pi}{4 J'' G}.$$

Die Verschiebung in der Richtung $+Z$ durch $Y = +1$ wird mit $M = 1\, r (1 - \sin \alpha)$

$$\delta''_{zy} = -\frac{1}{J'' G} \int_0^{\pi/2} M_{\vartheta z} M_{\vartheta y} \, ds$$

$$= -\frac{1}{J'' G} \int_0^{\pi/2} r (1 - \sin \alpha) \sin \alpha \, r \, d\alpha$$

$$\delta''_{zy} = -\frac{r^2}{J'' G} \left(1 - \frac{\pi}{4}\right).$$

Zusammenfassung.

Insgesamt ist

$$\delta_{yy} = \delta'_{yy} + \delta''_{yy}$$
$$= \frac{r\pi}{4}\left(\frac{1}{EJ} + \frac{1}{GJ''}\right)$$

$$\delta_{zy} = \delta'_{zy} + \delta''_{zy}$$
$$= \frac{r^2\pi}{4}\left(\frac{1}{EJ} - \frac{1}{GJ''}\left(\frac{4-\pi}{\pi}\right)\right).$$

Zustand $Z = 1$.

Es ist bereits ermittelt

$$M_{bz} = r\cos\alpha,$$
$$M_{\vartheta z} = r(1-\sin\alpha).$$

Biegungsmoment.

Die senkrechte Verschiebung des Querschnittes t—t durch $Z = 1$ ist

$$\delta'_{zz} = \frac{1}{EJ}\int_0^{\pi/2} M_{bz} M_{bz}\, ds$$
$$= \frac{r^3}{EJ}\int_0^{\pi/2} \cos^2\alpha\, d\alpha$$
$$\delta'_{zz} = \frac{r^3\pi}{4EJ}.$$

Die senkrechte Verschiebung durch ein Moment $Y = 1$ ist

$$\delta'_{yz} = \delta'_{zy} = \frac{r^2\pi}{4EJ}.$$

Drehmoment.

Es ist die senkrechte Verschiebung infolge des Drehmomentes $M_{\vartheta z} = -r(1-\sin\alpha)$

$$\delta''_{zz} = \frac{1}{GJ''}\int_0^{\pi/2} M_{\vartheta z} M_{\vartheta z}\, ds$$
$$= \frac{1}{GJ''}\int_0^{\pi/2} r^2(1-\sin\alpha)^2\, r\, d\alpha$$
$$\delta''_{zz} = \frac{r^3}{GJ''}\cdot\frac{3\pi-8}{4}.$$

Die senkrechte Verschiebung durch ein Moment $Y = 1$ ist

$$\delta''_{yz} = \delta''_{zy} = -\frac{r^2}{GJ''}\cdot\frac{4-\pi}{4}.$$

Zusammenfassung.

Es ist insgesamt

$$\delta_{zz} = \delta'_{zz} + \delta''_{zz}$$
$$= \frac{r^3\pi}{4}\left[\frac{1}{EJ} + \frac{1}{GJ''}\cdot\left(\frac{3\pi-8}{\pi}\right)\right].$$

Ermittelung von Y.

Gesucht ist jetzt das Moment Y, welches die Verdrehung des Querschnittes t—t infolge $Z = 1$ rückgängig macht. Man hat

$$\delta_{yz} + Y\delta_{yy} = 0$$

$$Y = -\frac{\delta_{yz}}{\delta_{yy}} = -\frac{r^2\pi 4\left[\frac{1}{EJ} - \frac{1}{GJ''}\cdot\left(\frac{4-\pi}{\pi}\right)\right]}{4r\pi\left(\frac{1}{EJ} + \frac{1}{GJ''}\right)}.$$

Im vorliegenden Falle ist

$$E = 1\,400\,000 \text{ t/qm};$$
$$J = 0{,}1663 \text{ m}^4;$$
$$G = 550\,000 \text{ t/qm};$$
$$J'' = 0{,}3600 \text{ m}^4;$$
$$\frac{1}{EJ} = 4{,}295\cdot 10^{-6};$$
$$\frac{1}{GJ''} = 5{,}050\cdot 10^{-6};$$
$$\frac{4-\pi}{\pi} = 0{,}2725.$$

Hiermit erhält man

$$Y = -r\,\frac{4{,}295 - 5{,}050\cdot 0{,}2725}{4{,}295 + 5{,}050}.$$
$$Y = -r\,0{,}312,$$

d. h. die Kraft Z greift nicht im Punkte C, sondern in C′ im Abstande 0,312 r nach der Mitte zu an (Fig. 39).

β) Druckring mit Laternenbinder.

Die Verschiebung des Punktes Z durch eine Kraft 1 im Punkte C′ ist nun

$$\Delta z = \delta_{zz} + Y\delta_{zy}$$
$$= \frac{r^3\pi}{4}\cdot\left[\frac{1}{EJ} + \frac{1}{GJ''}\cdot\left(\frac{3\pi-8}{\pi}\right)\right]$$
$$- \frac{0{,}312\, r\, r^2\pi}{4}\cdot\left[\frac{1}{EJ} - \frac{1}{GJ''}\cdot\left(\frac{4-\pi}{\pi}\right)\right]$$
$$= 0{,}002\,240 \text{ m}.$$

Die Verschiebung des Punktes B gegen A ist

$$2\Delta z = 0{,}004\,480 \text{ m}.$$

Für $M = 1$ ist $Z = \frac{1}{2r}$, also wird

$$\delta_{mb} = \frac{0{,}004\,480}{2\cdot 7{,}95} = 0{,}000\,282\,0 \text{ m}.$$

Denkt man sich jetzt lediglich noch den Laternenbinder durchschnitten und bringt an den Schnittstellen die Querkräfte $Z_2 = X_b = -1$ an, so ergeben diese in A und B Momente $M = 1\,r$, in C′ eine Querkraft $Z = 1/_2$, also die oben ermittelte Verschiebung $\frac{2\,\Delta z}{2}$ der Punkte A gegen B. Dieser Verschiebung ist nun gleich die Verschiebung der Rahmenmittelpunkte m, m in der Richtung der Kraft X_b infolge der Verdrehung des Druckringes allein. Hierzu kommt noch die Verschiebung dieser Rahmenpunkte durch die Verbiegung der Rahmen allein. Diese ist nach Fig. 41

$$\delta_{bb} = 2{,}690 \text{ mm} = 0{,}002\,69 \text{ m}.$$

Insgesamt ist also die Verschiebung der Punkte m, m durch eine Kraft $X_b = -1$

$$\delta'_{bb} = \Delta z + \delta_{bb} = 0{,}002\,240 + 0{,}002\,690 = 0{,}004\,930 \text{ m}.$$

Ein Moment $M = 1$ verschiebt m m um

$$\delta_{mb} = 0{,}000\,282\,0 \text{ m},$$

eine Kraft $X_b = -1$ um

$$\delta'_{bb} = 0{,}004\,930 \text{ m},$$

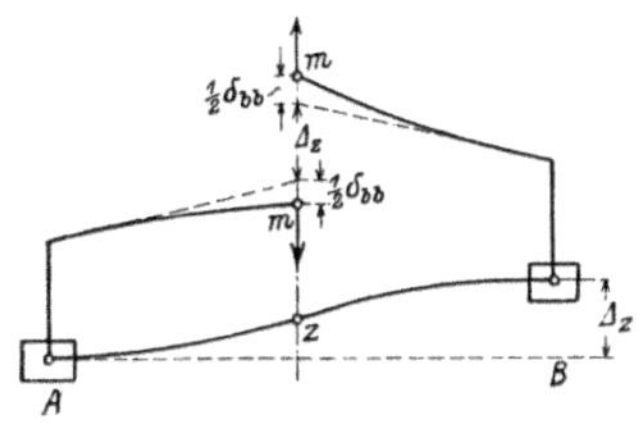

Fig. 41.

somit wird für $M = 1$

$$X_b = \frac{0{,}000\,282\,0}{0{,}004\,930} = 0{,}0572 \text{ t}.$$

Das Moment im Rahmenfußpunkt wird

$$M_d = 0{,}0572 \cdot 7{,}95 = 0{,}454.$$

Der Druckring hat also aufzunehmen

$$M_d = 1 - 0{,}454 = 0{,}546 \text{ mt},$$

d. i. angenähert die Hälfte der Biegungsmomente.

Die senkrechte Verschiebung des Punktes A gegen B beträgt

$$\delta_{mb} = 0{,}546 \cdot 0{,}000\,282 = 0{,}000\,153\,9 \text{ m}.$$

Die gleiche Verschiebung würde ein Binderstück von 1,67fachem Trägheitsmomente wie das anschließende Binderstück ergeben. Dieser Ersatzwert ist ohne Bedeutung für die Untersuchung des Kuppeltragwerkes bei einseitigen Lasten. Von

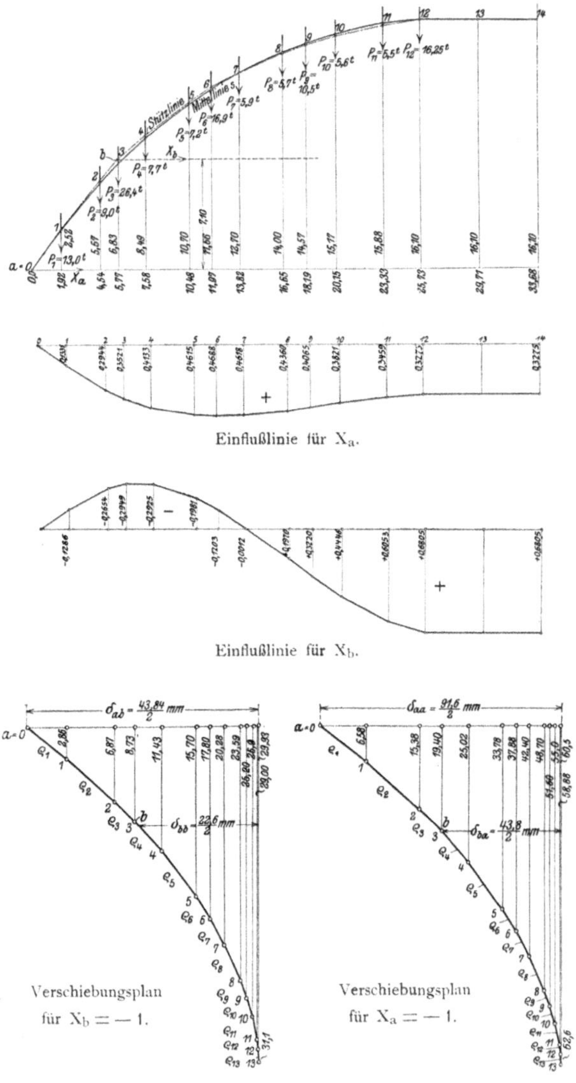

Fig. 42.

Wert ist lediglich die Kenntnis der Verteilung der Momente auf Druckring und Laternenbinder.

2. Kuppelbinder und Zugring.

a) Bogenschübe X_a und X_b.

Die Verschiebungspläne für den Zweigelenkbogen mit dem Ersatzmittelstück sind einmal zeichnerisch ermittelt. Außerdem sind aber die Werte noch rechnerisch festgestellt worden, wobei die Bogenachse durch ein Vieleck ersetzt worden ist, in dessen Knickpunkten die senkrechten Lasten angreifen (Fig. 42).

α) Biegelinien für X_a und X_b.

Die senkrechte Verschiebung δ_{ma} eines Punktes m infolge einer Bogenkraft $X_a = 1$ in O = der wagerechten Verschiebung δ_{am} des Punktes O unter einer senkrechten Last $P_m = 1$ in m, und zwar ist

$$\delta_{ma} = \int_0^l \frac{1}{E\,J} M_a M_m \, d\,s,$$

ferner ist

$$\delta_{aa} = \int_0^l \frac{1}{E\,J} M_a^2 \, d\,s.$$

Für symmetrische Belastung ist von O bis m $M_m = 1 \cdot x$, von m bis C $M_m = 1 \cdot x_m$, ferner ist $M_a = 1 \cdot y_m$.

Man hat nun zu bilden:

$$\frac{1}{E}\int_0^{l/2} \frac{M_a M_m}{J_n} d\,s = \frac{1}{E}\sum_0^{l/2} \frac{M_a M_m}{J_n} s_n,$$

für δ_{ma} erhält man

$$\delta_{ma} = \frac{1}{E}\sum_0^m \frac{y_n}{J_n} x_n s_n + \frac{1\, x_m}{E}\sum_m^{l/2} \frac{y_n}{J_n} s_n,$$

für δ_{aa}

$$\delta_{aa} = \frac{1}{E}\sum_0^{l/2} \frac{y_n}{J_n} y_n s_n.$$

Man hat also drei Summenausdrücke

$$\frac{y_n}{J_n} s_n, \quad \frac{y_n}{J_n} y_n s_n, \quad \frac{y_n}{J_n} x_n s_n$$

zu bilden. Die Multiplikation der beiden Flächen $\frac{y_n}{J_n}$ mit y_n oder x_n ergibt (nach Müller-Breslau II. Bd., 2. Abt., S. 101) für eine Strecke s_n (Fig. 43)

$$\int M_a M_m \, d$$

$$= \frac{s_n}{6}\,[Z_n\,(2\,Z'_n + Z'_{n+1}) + Z_{n+1}\,(2\,Z'_{n+1} + Z'_n)].$$

In ähnlicher Weise sind die Werte für X_b zu bilden.

Der Querschnitt des Hauptzugbandes ist im Mittel

$$F = (260 \cdot 100 + 15 \cdot 617{,}2) = 35\,250 \text{ qcm}.$$

Für das gedachte gestreckte Zugband von Kämpfer zu Kämpfer ist ein Querschnitt anzusetzen

$$F' = \frac{1}{5{,}1} \cdot 35\,250 = 6920 \text{ qcm},$$

somit beträgt die Verlängerung für $X_a = 1$

$$\delta_{za} = \frac{1000 \cdot 6736}{140\,000 \cdot 6920} = 0{,}0069 \text{ cm}.$$

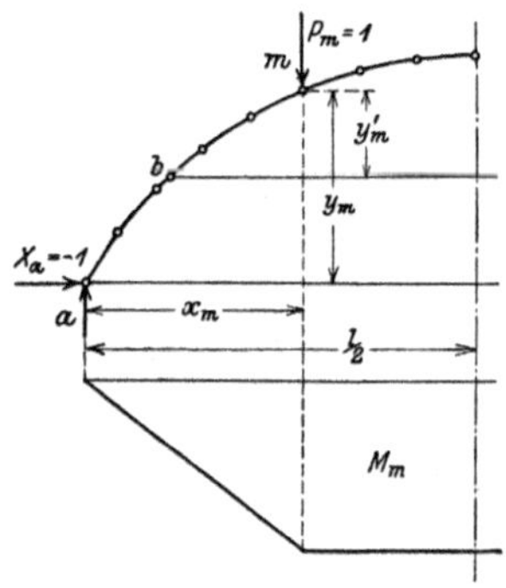

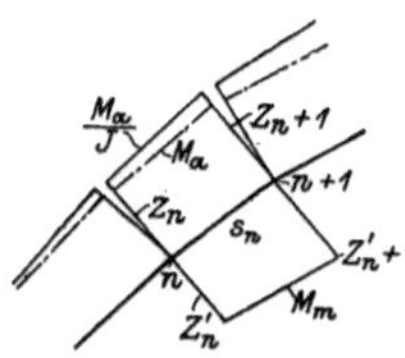

Fig. 43.

In gleicher Weise ist für das zweite Zugband mit

$$F' = \frac{1}{5{,}1} \cdot 6645 = 1300 \text{ qcm},$$

$$\delta_{zb} = \frac{1000 \cdot 5520}{140\,000 \cdot 1300} = 0{,}0303 \text{ cm}.$$

β) Ermittlung von X_a und X_b.

Es empfiehlt sich nicht, die beiden Unbekannten X_a und X_b aus zwei Gleichungen mit zwei Unbekannten zu ermitteln, vielmehr die Werte δ mit Doppelzeigern dadurch zu vermeiden, daß man die zweite Unbekannte senkrecht zu der Verschiebung des Angriffspunktes in folge der ersten Unbekannten einführt (siehe auch Müller-Breslau, II. Bd., 2. Abt. S. 156).

Auf rechnerischem Wege war gefunden

$$\delta_{aa} = 9{,}148 \text{ cm}, \quad \delta_{za} = 0{,}0069;$$

$$\delta_{ab} = 4{,}396 \text{ cm}, \quad \delta_{zb} = 0{,}0303;$$

$$\delta_{bb} = 2{,}255 \text{ cm}.$$

Es ist

$$\operatorname{tg} \alpha = \frac{\delta_{ab}}{2(\delta_{aa} + \delta_{za})},$$

$$\sin \alpha = 0{,}233\,46,$$

$$\cos \alpha = 0{,}972\,37;$$

$$X_a = X'_a - X_q \sin \alpha = \frac{\delta_{ma}}{\delta_{aa} + \delta_{za}} - X_q \sin \alpha,$$

$$X_b = X_q \cos \alpha,$$

$$X_q = \frac{\dfrac{\delta_{mb} \cos \alpha}{2} - \delta_{ma} \sin \alpha}{\dfrac{(\delta_{bb} + \delta_{bz}) \cos^2 \alpha}{4} - \dfrac{\delta_{ab} \sin \alpha \cos \alpha}{2}}$$

$$= \frac{\delta_{mq}}{\delta_{qq}};$$

$$\delta_{qq} = \frac{2{,}2853 \cdot 0{,}972\,37^2}{4} - \frac{4{,}396 \cdot 0{,}233\,46 \cdot 0{,}972\,37}{2}$$

$$= 0{,}540\,190 - 0{,}498\,967 = +\underline{0{,}041\,223}.$$

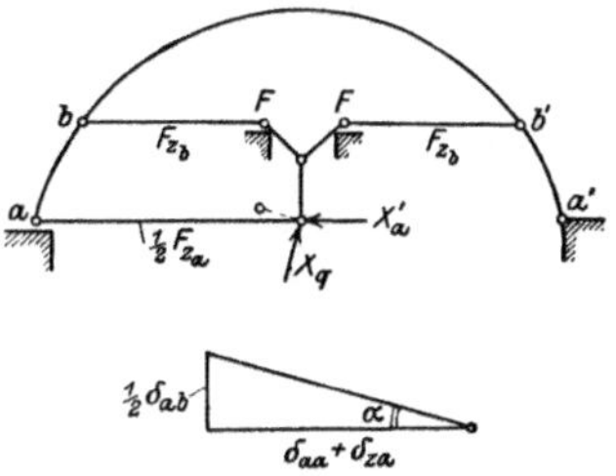

Fig. 44.

b) Eigengewicht.

Mit den hiernach ermittelten Einflußlinienordinaten für X_a und X_b (Fig. 42) und den Eigengewichtslasten erhält man die statisch unbestimmten Größen X_a und X_b aus folgender Übersicht:

Punkt	Last P	X_a	P X_a	X_b	P X_b
1	13,0	0,1331	1,7303	— 0,1286	— 1,6718
2	9,0	0,2944	2,6496	— 0,2654	— 2,3886
3	25,4	0,3521	9,2954	— 0,2949	— 7,7854
4	7,7	0,4133	3,1824	— 0,2925	— 2,2523
5	7,2	0,4615	3,3228	— 0,1981	— 1,4263
6	16,9	0,4688	7,9227	— 0,1203	— 2,0331
7	5,9	0,4618	2,7246	— 0,0012	— 0,0071
8	5,7	0,4360	2,4852	+ 0,1970	+ 0,1229
9	10,5	0,4065	4,2683	+ 0,3220	+ 3,3810
10	5,6	0,3821	2,1398	+ 0,4446	+ 2,4898
11	5,5	0,3459	2,0862	+ 0,6053	+ 2,9447
12	16,25	0,3275	5,3219	+ 0,6805	+ 11,0581
	129,65		47,1292		— 17,5646 + 20,9965

Für beide Hälften erhält man somit:

$$X_a = 2 \cdot 47{,}1292 = 94{,}2584 \text{ t}.$$

$$X_b = 2\,(20{,}9965 - 17{,}5646) = 6{,}8638 \text{ t}.$$

Mit den Werten M_0, X_a und X_b ergeben sich die folgenden Eigengewichtsmomente in mt:

$$M = M_0 - X_a\, y - X_b\, y'.$$

Punkt	$M_0 - X_a\,y - X_b\,y'$	Punkt	$M_0 - X_a\,y - X_b\,y'$
1	+ 11,40	7	+ 2,14
2	+ 29,53	8	— 6,07
3	+ 43,17	9	— 5,43
4	+ 24,24	10	— 12,48
5	+ 14,04	11	— 15,12
6	+ 15,83	12	+ 1,63

In Fig. 42 ist die Stützlinie für Eigengewicht eingezeichnet.

c. Winddruck.

Die Lagerung der Kuppel auf radial beweglichen Stelzenlagern und die Aussteifung der Kuppelbinder durch die Ringdecken schaffen für die genaue Berechnung äußerst schwierige Verhältnisse. Da nun insbesondere jede Großkonstruktion während der Ausführung leicht unberechenbaren Einflüssen unterworfen ist, kam es bei der Berechnung nicht sowohl darauf an, die rechnungsmäßig auftretenden Spannungen peinlich genau zu ermitteln, als vielmehr darauf, für alle Fälle den Haupttraggliedern unbedingt ausreichende Abmessungen und Bewehrungen zu geben. Daher sind für die einzelnen Teile jeweils möglichst ungünstige Annahmen gemacht worden, die indessen gleichzeitig im ganzen Gebilde nicht auftreten können.

Die große Steifigkeit der Ringdecken in ihrer Ebene gestattet die Annahme, daß sie den auf die zugehörigen Wände treffenden Winddruck je zur Hälfte auf der Luv- und der Leeseite in die Binder übertragen. Denn bei einer anderen Verteilung würden entsprechende Binderpunkte verschieden große seitliche Verschiebungen erleiden, die aber durch die Starrheit der Ringdecken nicht möglich sind. Abgesehen von dieser bei allen Decken vorhandenen kraftübertragenden Wirkung wurde angenommen, daß nur die beiden untersten Ringdecken auf die Kuppelbinder aussteifend wirken, die oberen nicht unmittelbar mit den Bindern verbundenen, etwas höher anschneidenden dagegen nicht. Die Windkräfte werden nun in folgender Weise in den Unterbau geleitet.

An Stelle des Druckringes mit den aussteifenden Laternenrahmen wird für jeden der 16 ganzen Binder das früher berechnete Ersatzstück eingeführt, die Binder werden also im Mittelpunkte fest miteinander verbunden gedacht (Fig. 46). Man löst nun die Verbindungen sämtlicher Binder mit dem Zugbande bis auf Binder 0, der fest verbunden bleibt. An allen anderen Schnittstellen sei die Verbindung nur insoweit vorhanden, daß lediglich die Bogenkräfte des Binders infolge des sie treffenden Winddruckes übertragen werden können, also nur die Kräfte $H_r = \frac{1}{2} W \cos\beta_r$ (wenn W = Winddruck auf den voll getroffenen Binder, β_r = Neigungswinkel des Binders r gegen die Windrichtung ist). Der Zugring überträgt dann in irgend einer Weise durch die Rollenlager die Winddrücke H_r in den Unterbau. Das so gebildete System sei das Hauptnetz. Die Kräfte H_r verbiegen nun den Zugring, wobei die Punkte 0 und 0′ in der Windrichtung die Verschiebung Δ_0 erleiden. Man kann nun beweisen, daß die Kämpferpunkte aller übrigen mit $W \cos\beta_r$ belasteten Binder um Δ_0 verschoben werden, also auf einem um Δ_0 gegen die Anfangslage verschobenen

Fig. 45.

Kreise liegen, unabhängig von der Größe der Verschiebung $\Delta_0 + \Delta_m$ des gemeinsamen Mittelpunktes (gestrichelte Linie der Fig. 46). In den Punkten 0 und 0′ ist das verbogene Zugband mit den Kämpfern verbunden, in 1, 2, 3, ... ergeben sich gegenseitige Verschiebungen zwischen Zugband und Binderfuß, die tatsächlichen Verschiebungen des Hauptnetzes. Um sie zu Null zu machen, müssen in den Punkten 1, 2, 3, ... Kräfte X_1, X_2, X_3 .... wirken, das System ist also 7fach statisch unbestimmt, wenn man die geringere Seitensteifigkeit der Binder unberücksichtigt läßt und von der Unbestimmtheit des geschlossenen Zugbandes in sich absieht.

Die wahrscheinlichste Übertragung der Winddrücke aus dem Zugringe in den Unterbau ist die, bei der die Lager in der Windrichtung keine Kraft, die senkrecht zur Windrichtung die größte

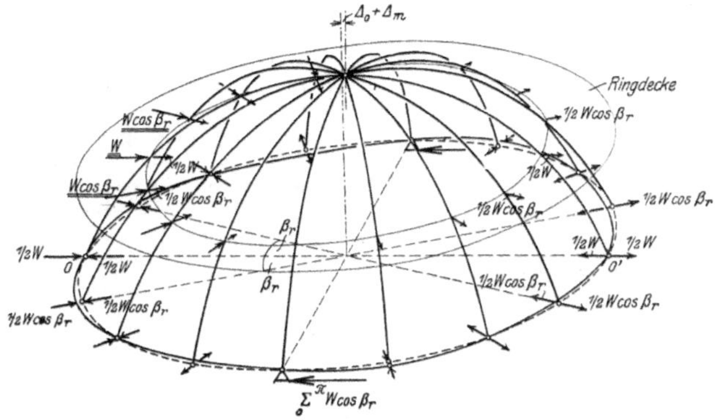

———— Zugring verbogen durch die Kräfte $\frac{1}{2}$ W cos β_r.

– – – – Kreis, auf dem die Fußpunkte der mit W cos β_r belasteten Binder r liegen.

Fig. 46.

Kraft übertragen. So kann man z. B. annehmen, daß die Lagerdrücke mit dem Sinus des Neigungswinkels zunehmen, d. h. daß der Winddruck jedes Binders durch die senkrecht zu ihm liegenden Lager übertragen wird (Fig. 47). Die Kräfte im Zugringe werden in folgender Weise bestimmt.

Trennt man den geschlossenen Ring, der von den 4 symmetrisch liegenden Lasten $P_r = 1$ belastet und in A und B wagerecht verschiebbar gelagert ist, in diesen Punkten, so hat man an den Schnittstellen die Querkräfte Y anzubringen, während ein Moment nicht auftritt (Fig. 48a). Zur Bestimmung der Querkraft hat man die Verschiebungen für das Hauptnetz und für den Zustand $Y = 1$ zu bilden. Im Hauptnetze ist

$$\delta_{ar} = -\frac{1}{EJ}\int^{\pi/2} M_a\, M_{or}\, d\, s,$$

worin

$$M_a = -1 \cdot y = -r\cos\beta_x,$$

M_{or} zwischen A und r

$$M_{or} = 1 \cdot \cos\beta_r\, x$$
$$= 1 \cdot \cos\beta_r\,(1 - \sin\beta_x),$$

zwischen r und C

$$M_{or} = 1\cos\beta_r\, x - 1\, r\sin(\beta_r - \beta_x)$$
$$= r\,[\cos\beta_r\,(1 - \sin\beta_x) - \sin(\beta_r - \beta_x)].$$

Man erhält

$$\delta_{ar} = -\frac{r^3}{2EJ}(\cos\beta_r - \sin\beta_r \cdot \beta_r).$$

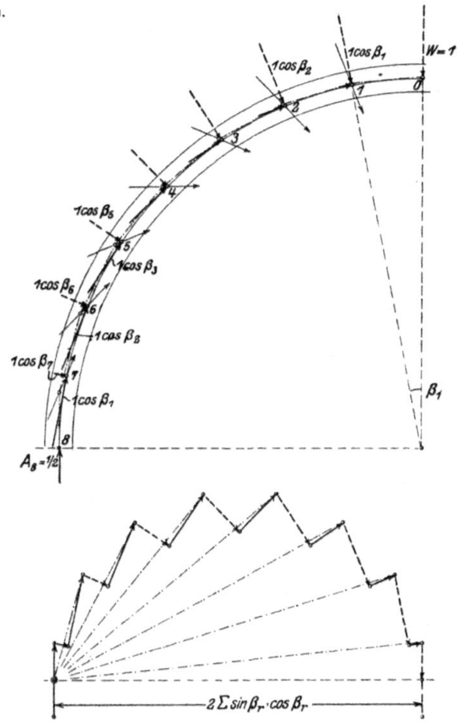

———— wagerechte Auflagerkräfte der Stelzenlager.

– – – – Kämpferkräfte der Binder.

–·–·– Stützlinie.

Fig. 47.

Für den Zustand Y = 1 ist

$$d_{aa} = \frac{1}{EJ} \int_0^{\pi/2} M_a^2 \, ds$$

$$= \frac{r^3}{EJ} \cdot \frac{\pi}{4},$$

somit

$$Y = -\frac{\delta_{ar}}{\delta_{aa}} = \frac{2}{\pi} \cos\beta_r - \frac{\beta_r}{\pi/2} \sin\beta_r.$$

den Windkräften $1 \cos\beta_r$, den Auflagerkräften $1 \cos\beta_r$ und der Querkraft $Q = \sim 0$, so erhält man die in Fig. 47 eingetragene Stützlinie, die nahezu mit der Kreislinie zusammenfällt, also auch sehr geringe Biegungsmomente und somit sehr geringe Verbiegungen des Zugringes erzielt. Es werden also auch die X-Kräfte zwischen Zugband und Binder nahezu Null werden. Es kann daher als ungünstigster Belastungszustand für den Kuppelbinder der Fall angesehen werden, daß der vom Winde voll getroffene Binder seinen Winddruck in voller Größe an das Zugband abgibt, also nicht

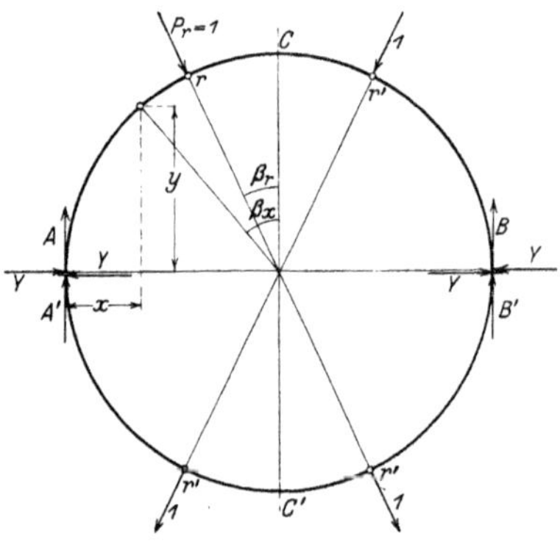

Fig. 48a.

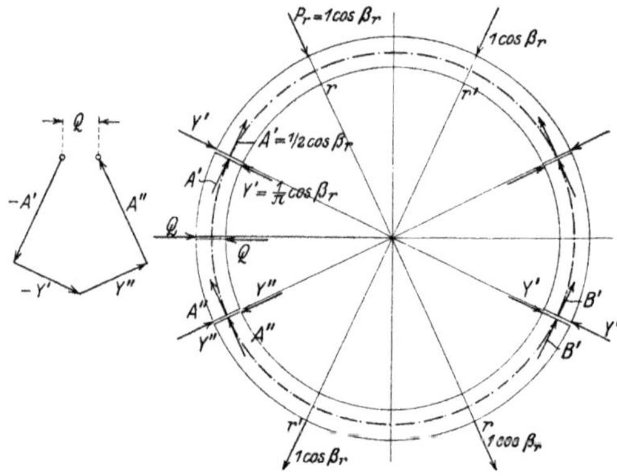

Fig. 48b.

Für $\beta = 0$, also die Lasten 1 + 1 je in C und C′ wird

$$Y = \frac{2}{\pi},$$

oder für die Lasteinheit daselbst

$$Y = \frac{1}{\pi}, \quad A = \frac{1}{2} + \frac{1}{2}.$$

Wirkt in r und r′ je $1 \cos\beta_r$, so erhalten die senkrecht dazu liegenden Lager die Auflagerdrücke $A' = B' = \frac{1}{2} \cos\beta_r$ und die Querkräfte sind $Y' = \frac{1}{\pi} \cos\beta_r$, wirken dann noch in den symmetrischen Punkten r und r je $1 \cos\beta_r$, so erhält man für den Querschnitt A eine resultierende Querkraft

$$Q = Y' \mp Y'' = 2 \frac{1}{\pi} \cos\beta_r \cos\beta_r - \frac{2}{2} \cos\beta_r \sin\beta_r$$

(Fig. 48b). Für sämtliche Punkte wird

$$Q = 2{,}545 - 2{,}508 = 0{,}033 = \sim 0.$$

Zeichnet man den Kräfteplan und das Seileck mit

durch die aussteifende Wirkung der Ringdecken einen Teil an die weniger belasteten Nachbarbinder abgibt. Der geringe Verdrehungswiderstand des Zugringes kann dabei außer acht gelassen werden. Infolge der Übertragung der Windkräfte je zur Hälfte auf der Luv- und auf der Leeseite ist das System statisch bestimmt und es wirken an den Kämpfern die Horizontalkräfte

$$H_a = H_b = \frac{1}{2} \sum_{I}^{IV} W = 5{,}62 \text{ t}$$

und die Vertikalkräfte

$$A = -B = -\frac{\sum Wy}{l} = -1{,}89 \text{ t (Fig. 49).}$$

Die Biegungsmomente in den einzelnen Punkten sind in der Übersicht auf S. 50 zusammengestellt und in Fig. 55 aufgetragen.

Für den Zugring ist der Fall der ungünstigste, daß lediglich die beiden senkrecht zur Windrichtung stehenden Lager den Winddruck in den Unterbau leiten. Dieser Grenzfall wird zwar nicht eintreten, immerhin besteht aber die Möglichkeit, daß infolge der Trennung des Unterbauabschlußringes an 8 Stellen (s. Fig. 4 auf S. 5) einzelne Lager aus irgendwelchen Ursachen in geringerem Maße an der Kraftübertragung teilnehmen und der größte Teil durch die Lager

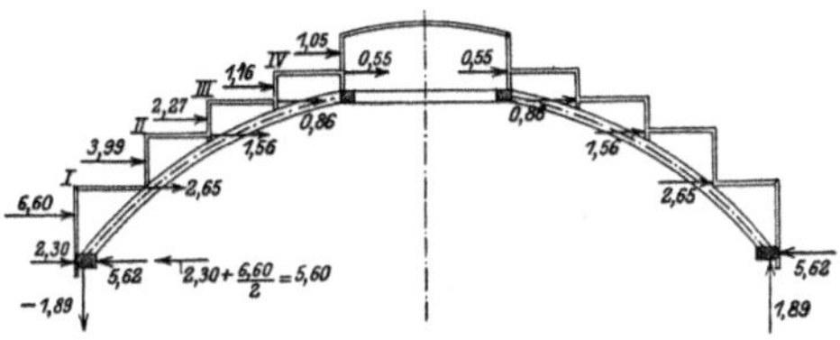

Fig. 49.

nahezu senkrecht zur Windrichtung aufgenommen wird (Fig. 48 u. 50).

Für sämtliche Kräfte $P_r = 1 \cos\beta_r$ ist

$$Y = \sum \frac{2}{\pi} \cos^2\beta_r - \sum \frac{\beta_r}{\pi/2} \sin\beta_r \cos\beta_r = 1{,}294 \text{ t},$$

$$A = \sum \cos^2\beta_r \qquad = 3{,}999 \text{ t}.$$

Mit $r = 33{,}50$ und $H_r = 5{,}62 \cos\beta_r$ erhält man die in Fig. 50 eingetragenen Momente.

In anderer Weise wird der den unteren Teil der ersten Wand und der das Zugband selbst treffende Winddruck von 5,60 t übertragen, welcher nur auf der Luvseite wirkt.

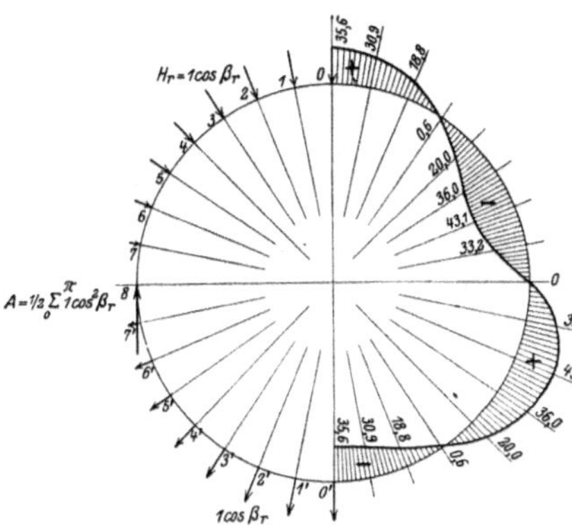

Fig. 50.

Für zwei Lasten $P_r = 1$ in r und r′ erhält man die wagerechte Verschiebung des Kreismittelpunktes (Doppelpunktes) für eine Hälfte in üblicher Weise zu (Fig. 51)

$$\delta_{yr} = -\frac{r^3}{2EJ} (\cos\beta_r - \beta_r \sin\beta_r),$$

für den Zustand $Y = 1$

$$\delta_{yy} = \frac{r^3}{2EJ} \pi,$$

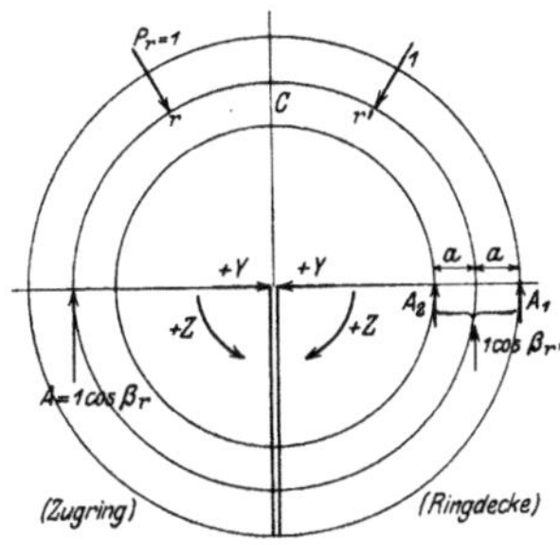

Fig. 51.

somit ist

$$Y = \frac{\cos\beta_r}{\pi} - \frac{\beta_r}{\pi} \sin\beta_r.$$

Die Verdrehung beträgt für die Lasten P_r

$$\delta_{zr} = -\frac{r^2}{EJ} \left(\frac{\pi}{2} \cos\beta_r - 1\right),$$

für $z = 1$

$$\delta_{zz} = \frac{r\pi}{EJ},$$

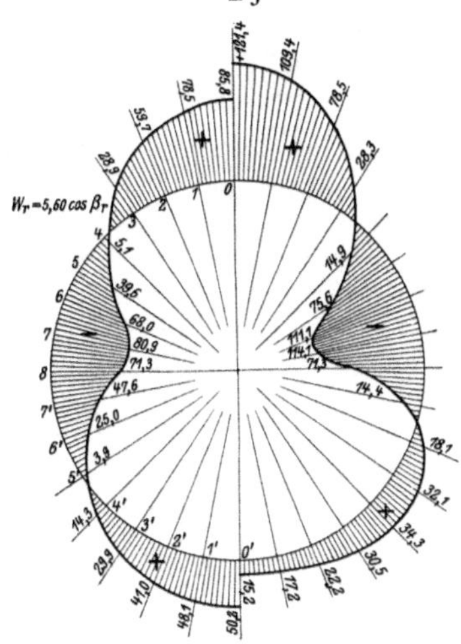

(rechts Größtwerte der Zugringmomente, Summe aus Fig. 50 und Fig. 52 links).

Fig. 52.

somit ist

$$Z = r\left(\frac{1}{2}\cos\beta_r - \frac{1}{\pi}\right).$$

Für alle Kräfte $P_r = 1\cos\beta_r$ erhält man:

$$Y = \sum\frac{\cos^2\beta_r}{\pi} - \sum\frac{\beta_r}{\pi}\sin\beta_r\cos\beta_r = +0{,}647,$$

$$Z = \sum r\left(\frac{1}{2}\cos^2\beta_r - \frac{\cos\beta_r}{\pi}\right) \qquad = +0{,}380\,r,$$

$$A = \sum\cos^2\beta_r \qquad = +3{,}999.$$

Mit $r = 33{,}50$ und $W_r = 5{,}60\cos\beta_r$ erhält man die in Fig. 52 links eingetragenen Momente. Die Summe aus Fig. 50 u. 52 links ist in Fig. 52 rechts eingetragen, der Größtwert ist demnach 121,4 mt.

Die Zusatznormalkraft im Zugringe beträgt für die Kräfte $1\cos\beta_r$ auf der Luv- und Leeseite

$$Z_w = \sum Y + \sum\cos\beta_r\sin\beta_r,$$

$$= \pm 3{,}802.$$

Mit $H_0 = 5{,}62$ t wird

$$Z_w = \pm 21{,}5\text{ t } (+ \text{ auf der Leeseite}).$$

Für die lediglich auf der Luvseite angreifenden Kräfte $1\cos\beta_r$ wird die Zusatznormalkraft auf der Luvseite

$$Z_w = -\sum Y - \sum\cos\beta_r\sin\beta_r,$$

$$= -3{,}155.$$

Für $W_0 = 5{,}60$ t wird

$$Z_w = -17{,}7\text{ t},$$

auf der Leeseite

$$Z'_w = +\sum Y,$$

$$= +0{,}647,$$

für $W_0 = 5{,}60$ t

$$Z'_w = 3{,}6\text{ t}.$$

Insgesamt ist auf der Luvseite $Z_w = -39{,}2$ t, auf der Leeseite $+ 25{,}1$ t.

d) Schneelast.

Als wahrscheinlichste einseitige Schneelast dürfte der Fall anzusehen sein, daß ein Teil der Ringdecken, etwa $^1/_4$, voll belastet ist, $^2/_4$ etwa halb belastet sind und $^1/_4$ unbelastet ist, sei dies infolge der Einwirkung der Sonnenbestrahlung oder des Windes. Sieht man von der aussteifenden Wirkung der Ringdecken und von der Druckringverbindung der Binder ab, so würde in diesem Falle jeder Binder den gleichen Bogen-

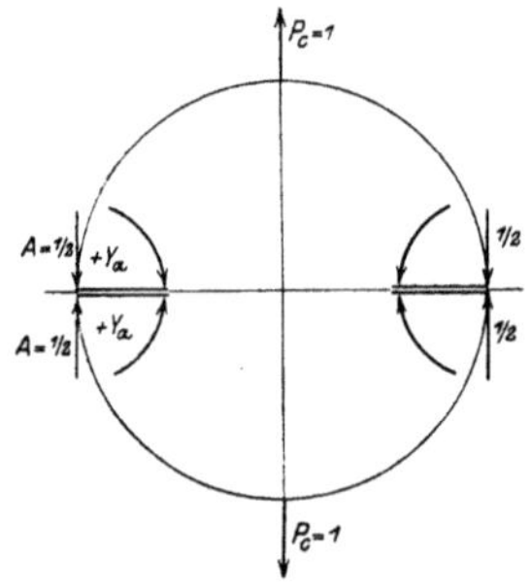

Fig. 53.

schub ausüben, und der Zugring würde keine Biegungsmomente erleiden. Der Bogenschub beträgt mit den Knotenlasten $P_3 = 2{,}6$, $P_6 = 2{,}0$, $P_9 = 1{,}5$, $P_{12} = 1{,}2$ t aus den Einflußlinien für X_a und X_b (Fig. 42) $X_{as} = +2{,}85$ t, $X_{bs} = +0{,}28$ t, die Auflagerdrücke $A_s = +5{,}06$ t, $B_s = 1{,}41$ t, die Bie-

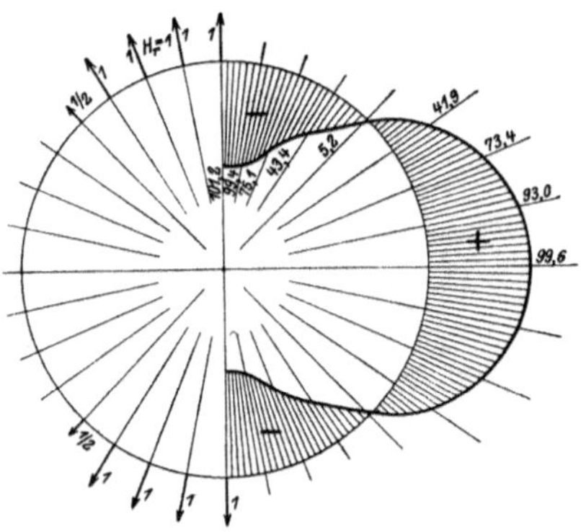

Fig. 54.

gungsmomente des Binders sind in der Übersicht auf S. 50 aufgeführt und in Fig. 55 eingetragen.

Für den Zugring tritt — wieder unter Vernachlässigung der Ringdecken — die ungünstigste Belastung dann ein, wenn nur etwa $^1/_4$ mit Schnee belastet ist, die anderen $^3/_4$ unbelastet sind. Schneidet man den Zugring wieder in A und B, so erhält man für zwei gleich große entgegengesetzt gerichtete Kräfte $P_c = 1$ in den Schnitten lediglich Verdrehungen, es wirkt also nur ein statisch unbestimmtes Moment Y_a (Fig. 53).

Man erhält in gleicher Weise wie früher

$$\delta_{ac} = -\frac{r^2}{2\,E\,J}\left(\frac{\pi}{2} - 1\right),$$

$$\delta_{aa} = +\frac{r\,\pi}{2\,E\,J}$$

$$Y_a = +r\,\frac{\pi - 2}{2\,\pi}$$

e) Zusammenfassung.

Die Momente der Kuppelbinder aus Eigengewicht, Winddruck und Schneelast sind in der Übersicht auf S. 50 und Fig. 55 eingetragen. Die Größtwerte treten entweder bei Eigengewicht und Winddruck oder bei Eigengewicht und Schneelast

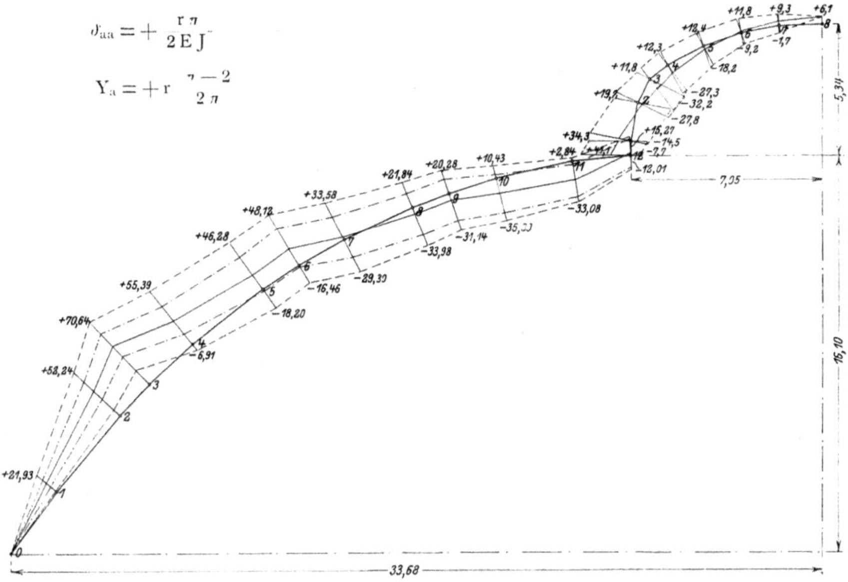

————	Momente infolge Eigengewicht			
- - - - - -	„	„	„	+ Winddruck
—·—·—	„	„	„	+ einseitige Schneelast.

Fig. 55.

Das Moment in einem Punkte r ist nun

$$M = M_0 + Y_a\,M_a,$$

$$= -\frac{1}{2}\cdot r\,(1 - \sin\beta) + r\,\frac{\pi - 2}{2\,\pi}$$

$$= -\frac{r}{2}\left(\frac{2}{\pi} - \sin\beta\right).$$

Man erhält mit dem Beiwerte $\frac{r}{2}$ für die Punkte

0	1	2	3
$-0{,}6366$	$-0{,}4415$	$-0{,}2539$	$-0{,}0810$

4	5	6	7	8
$+0{,}0705$	$+0{,}1949$	$+0{,}2873$	$+0{,}3442$	$+0{,}3634$.

Für eine Viertelkreisbelastung sind die Binder 0 und beiderseits 1, 2, 3 voll belastet auf einer Hälfte ($X_{as} = 2{,}85$ t), 4 halb belastet, durch Übereinanderlegen der einzelnen Belastungswirkungen erhält man die in Fig. 54 eingetragenen Werte

auf, ein gleichzeitiges Auftreten von einseitiger Schneelast und größtem Winddruck muß als ausgeschlossen gelten.

Die Binder haben am Scheitel einen Querschnitt von 1,05 m Höhe und 0,65 m Breite, am Kämpfer von 1,20 m Höhe und 0,80 m Breite und sind mit 13 Rundeisen von 30 mm ⌀ bewehrt, der Beton besteht aus 1 Z., 3 S., 3 Granitfeinschotter. Die Beanspruchungen im ungünstigsten Querschnitt 3 betragen unter Berücksichtigung der Doppelbewehrung

$$\sigma_b = 55 \text{ kg/qcm}$$

$$\sigma_e = 518 \text{ „}$$

Der Zugring erleidet aus Eigengewicht

$Z_g = 5{,}1 \cdot 94{,}26 = \sim 480$ t, $M_g = 0$,

aus Winddruck

$Z_w = \quad \sim -39$ t, $M_g = 121{,}4$ mt,

aus Schneelast

$Z_s = 5{,}1 \cdot 2{,}85 = \sim +15$ t, $M_g = 101$ mt.

Punkt	M_g	M_n	M_s	M_{max}	M_{min}
1	+ 11,40	± 10,53	+ 4,07 — 4,42	+ 21,93	+ 0,87
2	+ 29,53	± 22,71	+ 10,72 — 9,35	+ 52,24	+ 6,82
3	+ 43,17	± 27,47	+ 14,33 — 11,18	+ 70,64	+ 15,70
4	+ 24,24	± 31,15	+ 15,11 — 13,69	+ 55,39	— 6,91
5	+ 14,04	± 32,24	+ 17,64 — 16,44	+ 46,28	— 18,20
6	+ 15,83	± 32,29	+ 19,49 — 17,31	+ 48,12	— 16,46
7	+ 2,14	± 31,44	+ 18,54 — 17,90	+ 33,58	— 29,30
8	— 6,07	± 27,91	+ 17,98 — 17,90	+ 21,84	— 33,98
9	— 5,43	± 25,71	+ 18,11 — 17,47	+ 20,28	— 31,14
10	— 12,48	± 22,91	+ 15,74 — 16,73	+ 10,43	— 35,39
11	— 15,12	± 17,96	+ 12,72 — 14,18	+ 2,84	— 33,08
12	+ 1,63	± 13,64	+ 11,43 — 11,42	+ 15,27	— 12,01

Der Zugring ist auf Vorschlag der Firma als 4 teiliger genieteter Träger ausgebildet worden, dessen Gurte aus je 2 Fl. 365/13 und 2 L 120/120/13, dessen Vergitterung aus L 75/75/8 besteht (Fig. 56). Der Vollquerschnitt ist 617,2 qcm, der Nutzquerschnitt 521,5 qcm. Die Beanspruchung beträgt

$$\sigma_g = \frac{480}{521,5} = 0,920 \text{ t/qcm}$$

$$\sigma_w = -\frac{39}{521,5} \pm \frac{12140}{62000} = -0,075 \pm 0,196 = \begin{cases} +0,121 \text{ t/qcm,} \\ -0,271 \quad " \end{cases}$$

$$\sigma_s = \frac{15}{521,5} \pm \frac{101}{62000} = +0,029 \pm 0,163 = \begin{cases} +0,192 \quad " \\ -0,134 \quad " \end{cases}$$

$$\sigma_{max} = \sigma_{g+s} = 1,112 \text{ t/qcm.}$$

Die Stoßdeckung ist sehr reichlich bemessen.

3. Druckring und Laterne.

Der Druckring erleidet aus Eigengewicht eine Normalkraft

$$D_g = -5,1\,(X_a + X_b) = -5,1\,(94,26 + 6,86) = -516 \text{ t.}$$

Das Moment am Binderanschlusse beträgt

$$M'_g = +1,63 \text{ mt,}$$

davon nimmt nach S. 38 der Laternenbinder auf

$$M_l = (0,166 + 0,187 \cdot 3,60)\, M'_g = 0,839\, M'_g,$$

so daß für den Druckring verbleibt

$$M''_g = 0,161\, M'_g = 0,26 \text{ mt}$$

in der Binderebene, oder

$$M_g = 5,1\, M''_g = 1,3 \text{ mt}$$

in der Kreisachse.

Für Winddruck war gefunden

$$M'_w = \pm 13,64 \text{ mt,}$$

davon nimmt auf der Druckring (s. S. 41)

$$M''_w = 0,546\, M'_w = \pm 7,4 \text{ mt}$$

in der Binderebene oder

$$M_w = 5,1\, M''_w = \pm 38,0 \text{ mt}$$

in der Kreisachse.

Für Schneelast war gefunden

$$M'_s = \sim \pm 11,42 \text{ mt,} \quad D'_s = X_{as} + X_{bs} = 3,13 \text{ t,}$$

hiermit ist

$$M''_s = 0,546\, M'_s = \pm 6 \text{ mt,}$$

$$M_s = 5,1\, M''_s = \pm 32,0 \text{ mt,} \quad D_s = 5,1\, D'_s = \sim 16,0 \text{ t.}$$

Ferner ruft die einseitige Schneelast in der Druckringebene noch eine Exzentrizität der Stützlinie gleichwie im Zugringe hervor, und zwar ist das Moment für die Krafteinheit des Bogenschubes nach 2d

$$M_c = \frac{r}{2}\,(0,6366 + 2 \cdot 0,4415 + 2 \cdot 0,2539 + 2 \cdot 0810 - 0,0705)$$

$$= + \frac{r}{2}\, 2,1189 = 8,42$$

für $D_s = 3,13$ t also

$$M_c = +26,4 \text{ mt.}$$

Mit $F' = 1,905$ qm, $J_1 = 0,3860$ m⁴, $W_1 = 0,702$ m³, $J_2 = 0,2123$ m⁴, $W_2 = 0,283$ m³ wird

$$\sigma_g = -\frac{516}{1,905} \mp \frac{1,3}{0,283} = -271 \mp 46 = -317 \text{ t/qm,}$$

$$\sigma_w = \mp \frac{38}{0,283} = \qquad \mp 134 \quad "$$

$$\sigma_s = -\frac{16}{1,905} \mp \frac{32}{0,283} \mp \frac{26,4}{0.702}$$

$$= -8 \mp 114 \mp 37 = -159 \quad "$$

$$\sigma_{g+w} = -45,1 \text{ kg/qcm}$$

$$\sigma_{g+s} = -47,6 \quad "$$

Zug tritt nirgends auf.

Nach S. 41 hat der Druckring bei einem äußeren Momente M = 1 aufzunehmen

$$M_a = 0,546 \text{ mt,}$$

das Torsionsmoment rechts und links vom Binderanschlusse beträgt also

$$M_\vartheta = 0,273,$$

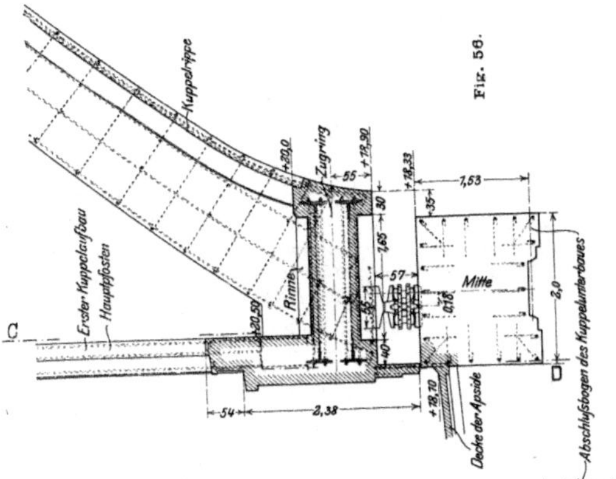

Fig. 56.

mit $M_w = \pm 53{,}3$ mt (s. unten) erhält man also

$$M_\vartheta = \pm 14{,}6 \text{ mt},$$

die größte Torsionsspannung beträgt

$$\tau = \frac{9 M_\vartheta}{2 b^2 h} = 36{,}2 \text{ t/qm};$$

hierbei sind die 4 am stärksten vom Winde getroffenen Binder zu einem einzigen zusammengefaßt gedacht worden.

Der Laternenrahmen erhält aus seinem Eigengewichte die für einen eingespannten Bogen in üblicher Weise ermittelten Momente M_g, wobei hier die Mitwirkung der Kuppelbinder und des Druckringes außer Betracht bleiben konnte. Außerdem hat der Laternenrahmen noch die Scheitelmomente

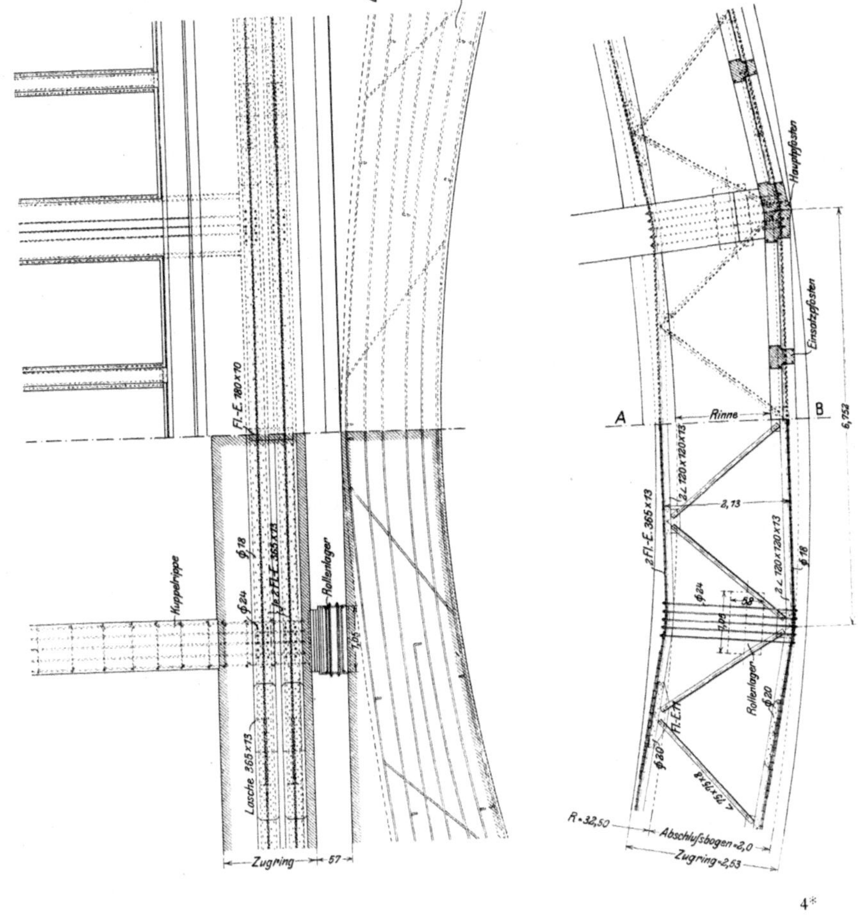

von je 4 Bindern teilweise aufzunehmen, soweit diese nicht durch den Druckring aufgenommen werden. Es wirkt das Moment

$$M_g = +4 \cdot 1{,}63 = \sim 6{,}5 \text{ mt},$$

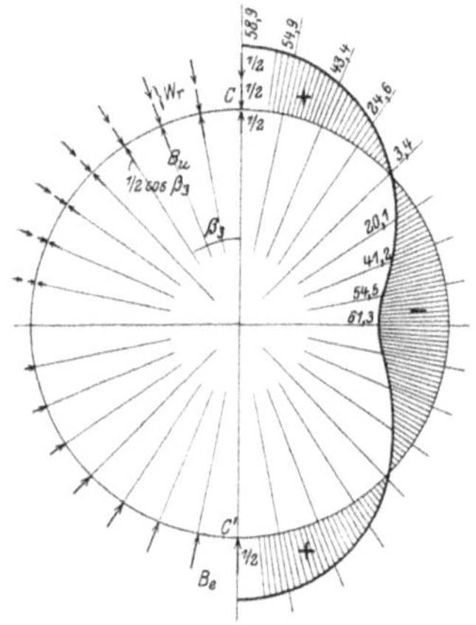

W_r = Gesamter Winddruck auf den Binder r,
B_u = Gegendrücke der Binder auf der Luvseite,
B_e = desgl. auf der Leeseite.

Fig. 57a.

welches ergibt

$$X_a = +0{,}166 \cdot 6{,}5 = +1{,}08 \text{ mt}$$

und

$$X_c = +0{,}187 \cdot 6{,}5 = +1{,}215 \text{ t},$$

X_a und X_c ergeben die in der folgenden Übersicht eingetragenen Momente M'_g. Einseitiger Winddruck ergibt für die 4 stärkst belasteten Kuppelbinder das Scheitelmoment

$$M_w = \pm 13{,}64\,(2 \cdot 0{,}995 + 2 \cdot 0{,}957) = \pm 53{,}3 \text{ mt},$$

welches ergibt

$$X_b = \pm 0{,}0572 \cdot 53{,}3 = \pm 3{,}06 \text{ t},$$

X_b ergibt die folgenden Momente M_w.

Einseitige Schneelast kann außer Betracht bleiben, da die Momente hieraus erheblich hinter denen aus Wind bleiben.

Punkt	M_g	M'_g	$M_{g+g'}$	M_w	M_{max}	M_{min}
0	+ 11,22	+ 5,45	+ 16,67	± 24,4	+ 41,1	— 7,5
1	+ 5,08	+ 4,78	+ 9,86	± 24,4	+ 34,3	— 14,5
2	— 7,14	+ 2,83	— 4,31	± 23,5	+ 19,2	— 27,8
3	— 11,89	+ 1,65	— 10,24	± 22,0	+ 11,8	— 32,2
4	— 8,52	+ 0,98	— 7,54	± 19,8	+ 12,3	— 27,3
5	— 2,95	+ 0,04	— 2,91	± 15,3	+ 12,4	— 18,2
6	+ 1,84	— 0,58	+ 1,26	± 10,5	+ 11,8	— 9,2
7	+ 4,72	— 0,96	+ 3,76	± 5,5	+ 9,3	— 1,7
8	+ 7,10	— 1,03	+ 6,07	0	+ 6,1	+ 6,1

Die Laternenrahmen sind in sehr kräftiger Weise bewehrt, die größte Beanspruchung im Schnitte 2 beträgt unter Berücksichtigung der Normalkräfte und der Doppelbewehrung $\sigma_b = 26$, $\sigma_e = 928$ kg/qcm.

4. Ringdecken.

Sieht man zunächst von einer teilweisen Übertragung des Windes durch die kräftigen aus Pfosten und Fensterbalken gebildeten Rahmen ab, so haben die Ringdecken die Aufgabe, die Hälfte der Windkräfte von der Luv- nach der Leeseite zu leiten (Fig. 57). Für die Lasteinheit in C wirken auf die Ringdecke in C und C' zwei einander entgegengesetzt gerichtete gleich große Kräfte $\frac{1}{2}$, in 1 und 1' wirken $\frac{1}{2}\cos\beta_1$ usw. Die Momente für die Lasteinheit in C und C' sind auf

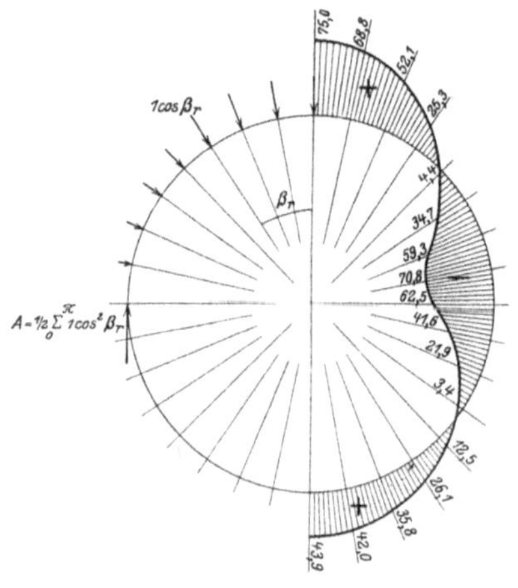

Fig. 57b.

S. 46 ermittelt, sie sind mit $\frac{1}{2}\cos\beta_r$ zu multiplizieren, durch Übereinanderlegen der einzelnen

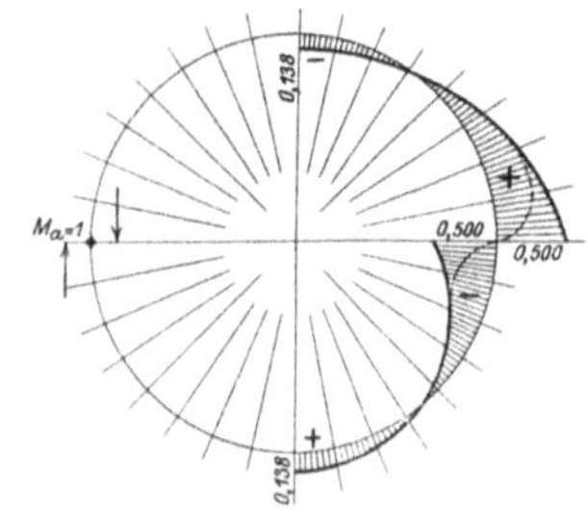

Fig. 58.

Belastungssysteme erhält man die folgenden Zahlen $\left(\text{Beiwert } \frac{r}{4}\right)$ und mit W = 5,3 t die in Fig. 57a eingetragenen Werte für die erste Ringdecke.

Last	im Punkte	Moment im Punkte								
		0	1	2	3	4	5	6	7	8
1,00	0	+ 0,6366	+ 0,4415	+ 0,2539	+ 0,0810	— 0,0705	— 0,1949	— 0,2873	— 0,3442	— 0,3634
0,981	1	+ 0,433	+ 0,625	+ 0,433	+ 0,249	+ 0,080	— 0,069	— 0,191	— 0,282	— 0,338
„	1*	+ 0,433	+ 0,249	+ 0,080	— 0,069	— 0,191	— 0,282	— 0,338	— 0,356	— 0,338
0,924	2	usw.	usw.	usw.	usw.	usw.	usw.	usw.	usw.	usw.
„	2*									
	Summe	+ 1,435	+ 1,337	+ 1,057	+ 0,601	+ 0,082	— 0,489	— 1,004	— 1,328	— 1,537

Der zweite Fall in der Übertragung der Ringdecken ist der, daß nur ein Teil des Windes durch die Binder in den Zugring geleitet wird, der andere Teil durch die Rahmenwirkung der Pfosten und die Rahmenwirkung der Binder samt Versteifungsrippen (siehe axonometrische Projektion Fig. 33). Die Momente für den Grenzfall, daß die Rahmen den gesamten Winddruck aufnehmen, werden wieder nach Fig. 51 ermittelt.

Mit W = 5,30 t erhält man für die erste Ringdecke die in Fig. 57b eingetragenen Momente.

Wird, was wahrscheinlich ist, der größere Teil A_1 der Auflagerkraft A durch die äußeren Pfosten, der kleinere $A_2 = A - A_1$ durch die Rahmenwirkung der Binder samt Versteifungsrippen nach unten geleitet, so tritt bei A noch ein Moment $(A_1 - A_2)$ a auf (Fig. 51 rechts). Ein Moment 1 in A ergibt die in Fig. 58 eingetragene Momentenlinie, wobei die gestrichelte Linie gilt, wenn eine größere Anzahl Pfosten an der Kraftaufnahme teilnimmt. Diese Momente wirken in allen in Frage kommenden Punkten entlastend. Die größten Momente, also die Grenzwerte, betragen in der ersten Ringdecke + 58,9 und — 63,1 mt bei Fall a und + 75,0 und — 70,8 mt bei Fall b. Die Ringdecken werden gebildet aus der 8 cm starken Deckenplatte als Steg, der Versteifungsrippe der Kuppelbinder innen und dem Fenstersturze außen, wobei noch die radialen Deckenunterzüge aussteifend wirken.

Die Pfosten, Sohlbänke und Fenstersturze sind außer für Eigengewicht noch für die Übertragung der Windkräfte als Rahmenträger berechnet worden, wobei fünf Rahmen als an der Kraftübertragung beteiligt angesetzt worden sind.

Die vorstehend wiedergegebenen statischen Berechnungen, also vor allem die Berechnung des Unterbautragwerkes unter Berücksichtigung der Torsionsmomente, die Einbeziehung des elastischen Verhaltens des Zugringes und Druckringes samt Laternenbindern in das Kuppeltragwerk und die Berechnung der Ringdecken sind vom erstgenannten Verfasser aufgestellt worden. Von der Firma sind, wie bereits erwähnt, die konstruktive Ausbildung, insbesondere die Festlegung der endgültigen Querschnitte und der Bewehrung, die Berechnung des Windrahmens und aller anderen hier nicht aufgeführten Bauteile sowie verschiedene zu den Untersuchungen der Bauverwaltung parallel laufende eigene Berechnungen.

TEIL II.

Von Prof. Dr.-Ing. W. Gehler (Dresden).

Die konstruktive Gestaltung und die Ausführung.

Neben dem architektonischen Entwurf und der statischen Berechnung war vor allem auch die konstruktive Gestaltung und die Ausführung dieses außergewöhnlichen Bauwerkes eine neuartige und äußerst verantwortungsvolle Aufgabe, deren Lösung einen beträchtlichen Schritt vorwärts in der Entwicklung des Eisenbetonbaues bedeutet. Für die ausführende Firma und deren Leiter, denen die volle strafrechtliche und zivilrechtliche Verantwortung oblag, war es daher zunächst ein Bedürfnis, sich ein klares Bild zu verschaffen über die Eigenart der Kraftwirkungen, über die Möglichkeit der Beherrschung dieser ungewöhnlich großen Kräfte und über die Art der Ausführung dieses Eisenbetonbauwerkes, das, wie bei keinem anderen Baustoff, vollständig an Ort und Stelle erzeugt werden und im Augenblicke der Ausrüstung auf eigenen Füßen stehen mußte.

A. Vorerörterungen.

Um die Eigenart der Aufgabe richtig zu beleuchten, sei hier zunächst in den Vorerörterungen etwas näher auf die Umstände eingegangen, welche die Ausführung eines solchen Bauwerkes als außergewöhnlich erscheinen ließen. Die Schwierigkeiten für die konstruktive Gestaltung und die Ausführung lagen einmal in den außerordentlichen Abmessungen begründet, anderseits

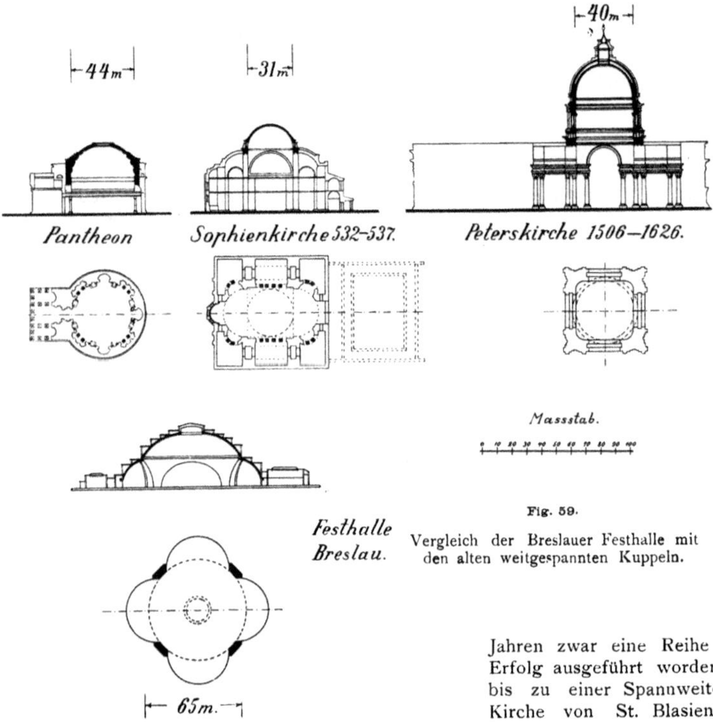

Fig. 59. Vergleich der Breslauer Festhalle mit den alten weitgespannten Kuppeln.

aber in der statischen Eigenart des Kuppelunterbaues.

1. Die Bedeutung der Abmessungen unserer Kuppel geht am deutlichsten aus einem Überblick über die bisher ausgeführten massiven Kuppeln hervor, die als Denksteine in der Baugeschichte bekannt sind. In Übersicht I sind dieselben nach den Lichtweiten geordnet zusammengestellt. Allem voran steht mit 44 m Lichtweite das Pantheon, dieses bewundernswerte Meisterwerk altrömischer Baukunst, wahrscheinlich aus der Blütezeit römischer Wölbtechnik unter Kaiser Trajan oder Hadrian stammend. Sodann folgt die berühmte Kuppel des Brunellesco vom Dom in Florenz um 1450 und die Kuppel der Peterskirche nach den Plänen Michelangelos vollendet im Jahre 1590, endlich die St. Pauls Kathedrale in London mit der 33 m weiten Kuppel aus dem Jahre 1690. An diese vier größten Kuppeln des Abendlandes schließen sich eine ganze Reihe bedeutender Werke des Orients an, als deren bekannteste die kühne und elegante Kuppel der Sophienkirche in Konstantinopel mit 31,5 m Lichtweite zu nennen ist, vollendet noch zur Zeit der christlichen Herrschaft im Jahre 537 unter Kaiser Justinian I., von den Baumeistern Anthemios von Tralles und Isidor von Milet. Eine um etwa einen halben Meter größere Lichtweite, nämlich 32 m, weist die noch vor kurzem heiß umkämpfte Selimie-Moschee in Adrianopel auf, erbaut von Sinan um 1570, dem auch die Moschee des Sultans Suleiman I. in Konstantinopel mit 26 m Lichtweite zuzuschreiben ist. Diese und die folgenden kleineren Kuppeln von Moscheen entstammen der Blütezeit türkischer Baukunst vom 15. bis zum 18. Jahrhundert*).

In dem neuen Baustoff, dem Eisenbeton, waren in den letzten Jahren zwar eine Reihe kleinerer Kuppeln mit Erfolg ausgeführt worden, im Jahre 1911 sogar bis zu einer Spannweite von 33,1 m bei der Kirche von St. Blasien**), immerhin blieben aber die drei großen italienischen Kuppeln bisher noch unerreicht. Mit 65 m Lichtweite unserer Kuppel sollte nun das bisher am weitesten gespannte Bauwerk, das Pantheon, um etwa die Hälfte dieses Maßes übertroffen werden (vergl. auch Fig. 59).

---

*) Diese Angaben über die orientalischen Bauten sind dem vorzüglichen grundlegenden Werke von Cornelius Gurlitt „Die Bauten Konstantinopels" (Ernst Wasmuth, Berlin) entnommen.

**) Ausgeführt von Dyckerhoff & Widmann, A.-G., Karlsruhe; siehe Deutsche Bauzeitung 1912, Mitteilungen Nr. 11 und 12.

Übersicht I. Weitgespannte massive Kuppeln.

Name des Bauwerkes	Ort	Baujahr	Lichtweite in m
1. Pantheon	Rom	Um 100 n. Chr.	44
2. Dom	Florenz	1450	42
3. Peterskirche	Rom	1506—1626	40
4. St. Pauls-Kathedrale	London	1690	33
5. Selimie-Moschee	Adrianopel	1570	32
6. Sophienkirche	Konstantinopel	535	31,5
7. Moschee des Sultans Suleiman I.	„	1560	26
8. „ „ „ Selim I.	„	1523	25
9. Nuri Osmanie Dschami	„	1752	25
10. Moschee des Sultans Aschmed I.	„	1612	23
11. „ „ „ Mohamed II.	„	1465	20
Jahrhunderthalle	Breslau	1912	65

Selbst für Kuppeln in Eisen ist dieses Maß von 65 m nur bei wenigen Bauwerken erreicht und überschritten worden, wie z. B. bei der Ausstellungskuppel in Lyon*), dem Zeltdach der bekannten Rotunde in Wien**) und einer Anzahl neuerer Gasbehälterumbauten***).

Da die Ausführung in Eisen den Vorteil bot, daß ähnliche Abmessungen bereits wiederholt erprobt waren und die Montage keinerlei besondere Schwierigkeiten erwarten ließ, wurden bei der Ausschreibung im Jahre 1911 als Baustoff sowohl Eisen wie Eisenbeton zugelassen. Infolge der Bedingung, daß sämtliche eisernen Tragteile mit Rücksicht auf die Feuersicherheit ummantelt werden müßten, wurde jedoch die Ausführung in Eisen nicht wesentlich wirtschaftlicher als in Eisenbeton, weil die tote Last der Verkleidung den Eisenaufwand beträchtlich erhöhte und der Eisenbeton für die Aufnahme der Druckkräfte in der Kuppel, den Hauptbögen und den Strebebögen sehr geeignet, hier also zweifellos ein wirtschaftlich günstiger Baustoff ist. Nur haftet der Ausführung in Eisenbeton der bedeutsame Umstand an, daß mit wachsender Stützweite das Eigengewicht stark zunimmt. Zudem war der Einfluß des Eigengewichtes in unserem Falle deshalb von großer Bedeutung, weil dadurch die Rüstung für Kuppel und Unterbau wesentlich erschwert wurde und die Ausrüstung bei einem bisher in solchen Abmessungen noch nicht ausgeführten Bauwerk ein gewisses Wagnis in sich schloß, dessen einwandfreies Gelingen den Ansporn zu weiteren ähnlichen Aufgaben gibt. Es ist daher auch für künftige Ausführungen die Erörterung der Frage wertvoll, in welcher Weise das Eigengewicht einer massiven Kuppel von der Stützweite abhängt.

Auf Grund der verfügbaren Unterlagen wurde daher vom Verfasser das Eigengewicht für eine Reihe von Kuppeln ermittelt. Diese Betrachtung führte zu dem Ergebnis, daß das gesamte Eigengewicht:

a) für Vollkuppeln $G = C\, l^2 f$ . . . . . (1

b) „ Rippenkuppeln $G = C_1\, l^2 + C_2\, l^2 f$. (2

angenommen werden kann*). Dabei bedeutet l die Lichtweite der Kuppel in Metern und f die lichte Pfeilhöhe ebenfalls in Metern. Mit dem Ausdruck ($l^2 f$) ist daher nach Fig. 60 der Raum-

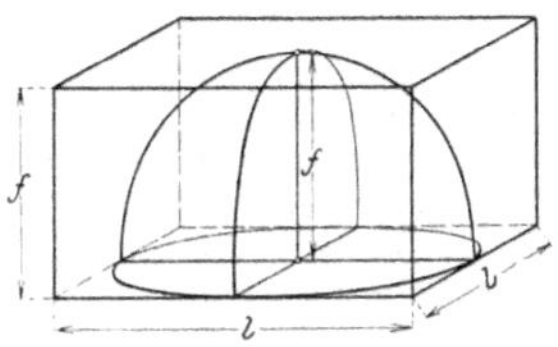

Fig. 60.

inhalt des prismatischen Körpers zu verstehen, der dem von der Kuppel umschlossenen lichten Raume umschrieben ist. Die Beiwerte C und C_2 bedeuten dann jeweils die im folgenden erörterten Gewichte eines cbm des Volumens dieses prismatischen Körpers in kg ausgedrückt.

Für die Rippenkuppel, Gl. (2), empfiehlt es sich, im ersten Gliede das Gewicht der Dach-

*) Siehe M. Foerster, Eisenhochbauten, III. Auflage.

**) Siehe Österreichische Ingenieur-Zeitschrift 1873.

***) Siehe u. a. W. Gehler, Gasbehälter Reick, Armierter Beton 1909, Heft III.

*) Unter Vollkuppeln sind hierbei Kuppeln verstanden, deren Tragwerk die vollständig geschlossene Oberfläche eines Rotationskörpers bildet, im Gegensatz zu den in einzelne Tragteile aufgelösten Rippenkuppeln.

Übersicht II. Weitgespannte eiserne Kuppeln.

Name des Bauwerkes	Ort	Baujahr	Lichtweite in m
1. Ausstellungskuppel	Lyon	1894	110
2. Rotunde des Industriepalastes	Wien	1873	102
3. Gasbehälter	Dresden-Reick	1908	65
4. Sängerhalle	Frankfurt a. M.	1909	63

decke nebst Aufbauten von dem soeben betrachteten zweiten Gliede der Gleichung, dem Gewichte des Kuppeltragwerkes abzutrennen. Das Eigengewicht dieser Dachdecke, welche bei Rippenkuppeln den notwendigen Abschluß nach oben zu bildet, sowie das Gewicht etwaiger Aufbauten und der Laterne hängen nicht von dem Luftraume ($l^2 \cdot f$) (s. Fig. 60) ab, sondern von der zu überdeckenden Fläche, für deren Größe die Grundfläche des Körpers der Fig. 60, also das dem Kuppelring umschriebene Quadrat einen Anhalt bietet. Der Beiwert C_1 entspricht dann in kg/qm ausgedrückt dem Gewicht der über diese Fläche gleichmäßig verteilt gedachten Lasten der Dachdecke nebst Aufbauten und kann für die verschiedenen Ausführungsarten, von der leichtesten Glaseindeckung zwischen eisernen Sprossen bis zu den schweren Aufbauten unserer Festhalle, den jeweiligen Verhältnissen angemessen eingesetzt werden*).

Bemerkenswert ist hierbei, daß nach beiden Gl. (1) und (2) das Eigengewicht für das Tragwerk z. B. bei $f = \frac{l}{2}$ in die Form $G = C' \cdot l^3$ gebracht werden kann, also mit der dritten Potenz der Lichtweite nach einer kubischen Parabel wächst. Dementsprechend vergrößern sich auch die Kosten und, man darf wohl sagen, auch die Schwierigkeiten der konstruktiven Gestaltung nicht etwa, wie häufig bei ebenen Tragwerken, nur mit dem Quadrat der Stützweite, sondern in wesentlich stärkerem Maße.

*) Wollte man bei dem Gewichte der Dachdecke ebenfalls das Pfeilverhältnis der Kuppel berücksichtigen, so wäre Formel (2) in

$$G = C_1 l f + C_2 l^2$$

abzuändern. Da aber für die Ausführung in Eisenbeton Halbkreiskuppeln wohl nur selten in Frage kommen und daher das Pfeilverhältnis nur innerhalb verhältnismäßig geringer Grenzen schwanken dürfte, andererseits aber ähnlich wie bei sonstigen Dachformen das Eigengewicht des eigentlichen Daches ohne Hauptträger meist auf die überdeckte Grundfläche bezogen wird, empfiehlt es sich wohl, hier von der Berücksichtigung des Pfeilverhältnisses abzusehen. Diese Auffassung, bei welcher die tote Last des Daches bezogen auf die Grundfläche von dem statisch räumlich wirksamen Tragwerk unterschieden wird, erleichtert auch die Anschaulichkeit der Gewichtsformel.

In Fig. 61 ist für die in der Übersicht III zusammengestellten 10 Kuppeln jeweils die Lichtweite als Abszisse und das gesamte Kuppelgewicht als Ordinate aufgebracht. Legt man durch den Punkt II (Peterskirchenkuppel) und den Punkt VIII (Kuppel der Breslauer Festhalle) je eine kubische Parabel, die durch den Nullpunkt geht, so sieht man deutlich, daß die Gewichts-

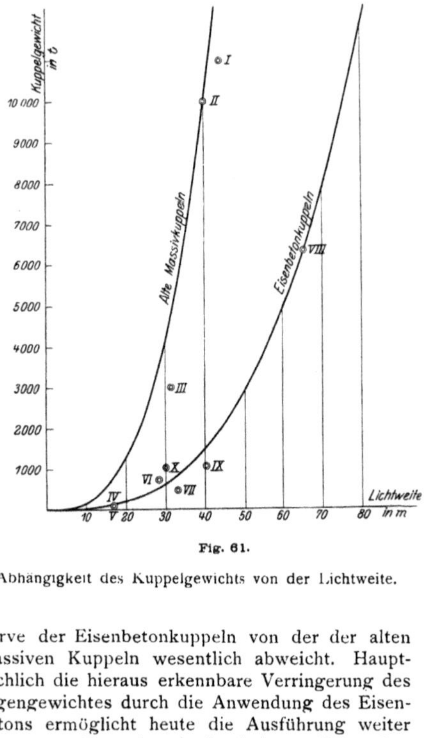

Fig. 61.

Abhängigkeit des Kuppelgewichts von der Lichtweite.

kurve der Eisenbetonkuppeln von der der alten massiven Kuppeln wesentlich abweicht. Hauptsächlich die hieraus erkennbare Verringerung des Eigengewichtes durch die Anwendung des Eisenbetons ermöglicht heute die Ausführung weiter gespannter Kuppeln als in früherer Zeit. Aus dieser Darstellung sieht man aber auch deutlich, daß die Kuppel der Breslauer Festhalle die übrigen Eisenbetonkuppeln an Lichtweite und Gewicht weit hinter sich läßt.

In Übersicht III sind endlich für eine Reihe alter und neuer Kuppeln die Gewichte zusammengestellt und daraus die Festwerte C für Vollkuppeln, sowie C_1 und C_2 für Rippenkuppeln ermittelt worden*), während nun bei den alten massiven Kuppeln I und II der Festwert C etwa 450 und 300 kg/cbm und bei der Sophienkirche in Konstantinopel (vergl. auch Fig. 59) bereits nur noch 200 kg/cbm beträgt, schwankt dieser Wert bei den neueren Eisenbetonkuppeln nur zwischen rund 40 und 50 kg/cbm und der entsprechende Festwert C_2 für das Tragwerk der Rippenkuppeln zwischen 50 und 60 kg/cbm. Nur bei der Kuppel Nr. VII in St. Blasien, die jedoch nur als Innenkuppel, also keine Dachlast zu tragen hat, ergab sich $C_2 = 40$ kg/cbm. Diese auffallende Gesetzmäßigkeit der Festwerte C und C_2 ermöglicht uns trotz der großen Mannigfaltigkeit der sonstigen Verhältnisse, das Gewicht von Kuppeln mit Hilfe der oben vorgeschlagenen Formeln rasch zu schätzen. Bei Rippenkuppeln ist dabei jedoch für das Gewicht der Dachdecke und der Aufbauten der Festwert C_1 in kg/qm jeweils den wirklichen Verhältnissen entsprechend anzunehmen, und zwar bei der leichtesten Eindeckung mit Glas zwischen Eisensprossen (vergl. Nr. VI) mit $C_1 = 50$ kg/qm, bei mittleren Verhältnissen für eine Eisenbetondachdecke mit 250 kg/qm und endlich bei schweren Aufbauten (vergl. Nr. VIII und IX) mit 500 bis 600 kg/qm. Durch Anwendung von Holz anstatt von Eisenbeton für die Aufbauten ließe sich dieser Wert auf etwa 180 kg/qm vermindern, ohne daß dabei die Feuersicherheit des eigentlichen Eisenbetontragwerkes beeinträchtigt würde.

Um darzutun, wie groß der Einfluß des Gewichtes der Dachdecke, also des Festwertes C_1 ist, wurde am Schluß der Übersicht III für eine Lichtweite von $l = 100$ m bei einem Pfeilverhältnis von $1/4$ das Gesamtgewicht der Kuppel nacheinander unter Annahme von $C_1 = 50$, 250 und 560 kg/qm zu rund 13 000, 16 000 und 21 000 t schätzungsweise berechnet. Diese Betrachtung zeigt, daß es sich empfiehlt, bei dem Entwurf weit gespannter Kuppeln künftighin auf die Verminderung des Gewichtes für die Dachdecken und Aufbauten besonders bedacht zu sein.

2. Die statische Eigenart des Unterbaues geht am deutlichsten aus einem Vergleich desselben mit den bisher üblichen Ausführungsformen hervor. Die byzantinische Kuppelform (s. Fig. 62) entsteht bekanntlich dadurch, daß sich über den vier Seiten eines Quadrates die vier Hauptbogen des Unterbaues erheben. Der Fußring der Kuppel ist dann ein Kreis, der diesem Quadrate mit dem Durchmesser D_1 eingeschrieben ist. Der Vorteil dieser Anordnung besteht darin, daß die Hauptbogen ebene Gebilde sind. Dagegen

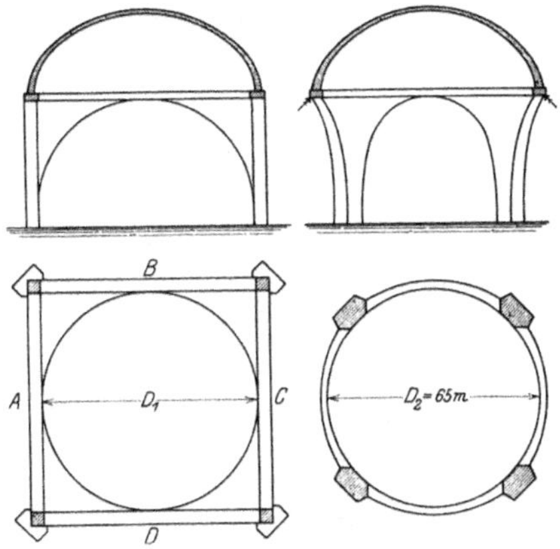

Fig. 62 u. 63.
Vergleich der byzantinischen Kuppelform mit der Breslauer Kuppel.

ruht die Kuppel nur in vier Punkten A, B, C, D unmittelbar auf dem Bogen, während an den vier Ecken des Quadrates stark ausladende Zwickel entstehen, die konstruktiv schwierig auszubilden sind. Bei den alten Bauten gelang es oft nur durch Aufbringung einer architektonisch ungünstig wirkenden, beträchtlichen Auflast diesen Zwickeln den Verlauf der Stützlinien innerhalb des Querschnittes herbeizuführen. Bei unserem Kuppelhalbmesser $r = 32{,}5$ m hätte die Ausladung an den Ecken des Quadrates 13,5 m betragen.

Im Gegensatz hierzu ist der Unterbau der Breslauer Kuppel ein senkrecht stehender Zylinder mit $D_2 = 65$ m $\varnothing$, den man sich von zwei wagerecht liegenden Zylindern durchdrungen denken kann (Fig. 63). Die hierdurch entstehenden vier Hauptbogen sind somit keine ebenen Gebilde, sondern Raumkurven vierter Ordnung. Durch diese Gestaltung wird der Vorteil erzielt, daß der Fußring der Kuppel auf seinem ganzen Umfang unmittelbar auf diesem stehenden Zylinderkörper ruht. Die vier Hauptbogen dagegen haben das Bestreben, nach außen zu fallen und müssen daher durch Strebebogen (Fig. 65) gestützt werden.

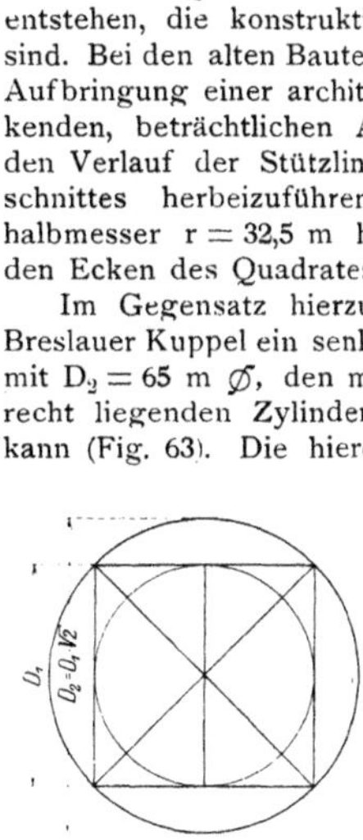

Fig. 64.

*) Während die Maße für die drei alten Kuppeln I bis III in Ermangelung genauer Zeichnungen nur roh bestimmt werden konnten, sind die Angaben für Nr. IV bis VI dem Handbuch für Eisenbetonbau, I. Auflage, IV. Band, Teil I, entnommen, wogegen die Grundmaße der übrigen neuesten Kuppeln unmittelbar von den ausführenden Firmen stammen.

Geht man nach Fig. 64 in beiden Fällen von dem gleichen Quadrat aus, dessen Eckpunkte die vier Pfeiler sind, so erreicht man mit der neuen Lösung, daß der Kuppeldurchmesser

$$D_2 = \sqrt{2} \cdot D_1 = 1{,}41\, D_1$$

ist und die von der Kuppel selbst überdeckte Fläche genau doppelt so groß wie bei der byzantinischen Kuppel wird.

Übersicht III. Festwerte des Kuppelgewichtes.

1. Vollkuppeln.	Lichtweite l	Pfeilhöhe f	Kuppelgewicht G	Festwert C
	in m	in m	in t	kg/cbm
A. Alte massive Mauerwerkskuppeln				
I. Pantheon in Rom	44	12,3	etwa 11 000	450
II. Peterskirche in Rom	40	20,0	„ 10 000	300
III. Sophienkirche in Konstantinopel	31,5	15,8	„ 3 000	200
B. Neuere Vollkuppeln aus Eisenbeton				
IV. Armeemuseum in München (äußere Kuppel)	16,8	8,4	90	38
„ „ „ (innere „	16,1	8,05	87	42
V. Universität München (elliptischer Grundriß)	16,8 / 13,0	8,05	94	48

2. Rippenkuppeln.	Art der Decke und Auflast	Lichtweite l	Pfeilhöhe f	Gewicht der Dachdecke G_1	Gewicht des Tragwerkes G_2	Festwerte C_1	Festwerte C_2	Ausgeführt von
		in m	in m	in t	in t	kg/qm	kg/cbm	
VI. Passage Friedrichstraße Berlin	Glas mit Eisensprossen	28,4	14,20	40	690	50	60	Czarnikow & Co., Berlin 1908
VII. Kirche St. Blasien (nur Innenkuppel)	Eisenbetondecke (kein Dach)	33,1	5,25	210	230	200	40	Dyckerhoff & Widmann A.-G., Karlsruhe 1911
VIII. Festhalle Breslau	Eisenbetondach mit Aufbauten	65,0	16,10	2370	3970	560	58	Dyckerhoff & Widmann A.-G., Dresden 1912
IX. Pumpwerk Alte Emscher	Eisenbetondach	40,35	9,0	330	730	200	50	Dücker & Co., Düsseldorf 1912
X. Betonhalle der Int. Baufachausstellung, Leipzig	Eisenbetondach	30,0	12,70	450	570	500	50	Kell & Löser, Leipzig 1913
Kuppel von 100 m Lichtweite:								
a) bei leichtem Glasdach		100,0	25,0	500	12 500	50	50	
				13 000				
b) bei Eisenbetondach ohne Aufbauten		100,0	25,0	2500	13 750	250	55	
				16 250				
c) bei Eisenbetondach mit Aufbauten		100,0	25,0	5600	15 000	560	60	
				20 600				

Die hauptsächlichste konstruktive Schwierigkeit bestand nun darin, daß von der Kuppel auf jeden der vier Hauptbogen die Lagerdrücke $2 \cdot 3 \cdot 200$ t = 1200 t übertragen werden, die bezogen auf eine wagerechte durch die beiden Kämpfermittelpunkte gelegte Linie an den Hebelarmen von 3,85 m, 6,41 m und 7,65 m wirken. Wenn die Strebebogen nicht vorhanden gewesen wären, hätte sich somit ein Kragmoment von 7200 tm für einen Bogen ergeben. Die Standsicherheit des Bauwerkes beruhte daher hauptsächlich auf der Zuverlässigkeit der Stützung durch die Strebebogen, die unter der Annahme statisch hätte zwar gegenüber der ausgeführten Anordnung den Vorteil geboten, daß diese Rippen an ihren Verbindungsstellen mit dem Fußring und dem Druckring der Kuppel die freie Drehbarkeit dieser Glieder eingeschränkt und dadurch bei einseitiger Schnee- und Windlast versteifend gewirkt hätten. Anderseits wäre aber dadurch das Gesamttragwerk statisch wesentlich unklarer und unbestimmter geworden.

Durch die scharfe Trennung von Kuppel und Unterbau und die Anordnung von 32 Rollenlagern, die in radialer Richtung verschiebbar sind, wurde vor allem eine klare Übertragung der Kuppel-

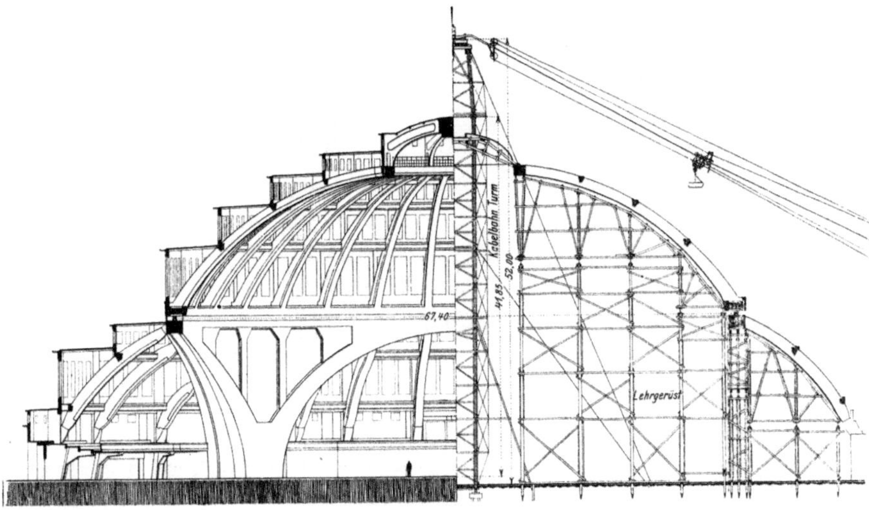

Fig. 65.

Längsschnitt durch das Bauwerk mit Rüstung.

bestimmter Stützung von der genannten Kuppellast eine Seitenkraft von $0,55 \cdot 1200 = 660$ t für eine Apside aufzunehmen hatten. Zur weiteren Beurteilung der Größenordnung dieser Kräfte sei noch angeführt, daß der Kämpferdruck der Hauptbogen 1240 t betrug.

Bei der vielfachen statischen Unbestimmtheit des Unterbaues und den großen Lasten, die auf ihn wirken, wurde auch von der ausführenden Firma der von Anfang an von der Bauverwaltung vertretene Standpunkt eingenommen, daß die Kuppel vom Unterbau klar zu trennen und auf Einzellager zu stellen sei.

Die andere Lösung hätte darin bestanden, an jedem der 4 Hauptpfeiler ein Rippenpaar von den Fundamenten ohne Unterbrechung bis zum Druckring der Kuppel hinauf zu führen. Diese Lösung lasten auf den Unterbau erreicht, wobei nur senkrechte und tangential gerichtete wagrechte Kräfte wirken konnten. Dagegen waren, abgesehen von Reibung*), radial gerichtete wagrechte Kräfte ausgeschlossen, die ungünstig auf den Unterbau gewirkt hätten. Ferner war bei dieser Lösung die Kraftwirkung in jeder Meridianebene der 32 Rippen vollkommen gleichartig, so daß die günstigste Materialverteilung in der Kuppel erreicht wurde. Infolge dieser Lagerung können

*) Die Größe dieser Reibungskraft war durch einen Lagerversuch bereits genau studiert worden, der gelegentlich des Baues der Querbahnsteighalle Leipzig von den ausführenden Firmen veranstaltet worden war. (Vgl. Gehler, Deutsche Bauzeitung, Betonbeiblatt 1912 Nr. 9—11.) Nach diesen Versuchsergebnissen war die Reibungskraft für verschmutzte Rollen-Lager mit $1^1/_2$ % anzunehmen.

sich die Spannungen aus den Wärmeänderungen durch die Verschiebung der Rollenlager zwanglos ausgleichen, während bei einer starren Verbindung der Kuppel mit dem Unterbau sehr unklare Beanspruchungen desselben entstehen würden. Endlich bot die Trennung der Kuppel vom Unterbau für die Ausführung den großen Vorteil, daß der gesamte Unterbau als selbständiger Bauteil, unabhängig von der Herstellung der Kuppel ausgeführt und auch ausgerüstet werden konnte. Dadurch wurde ein klares Bauprogramm und eine rasche Ausführung ermöglicht, also auch eine Verringerung der Kosten erreicht.

Fig. 66.
Holzmodell des Vorversuches.

So notwendig und schätzenswert aber die theoretische Beleuchtung und Durchdringung eines verwickelten statischen Problems auch ist, so wertvoll ist anderseits die Durchführung eines Vorversuches, sei es, daß man einen wichtigen Haupttragteil in natürlicher Größe ausführt und bis zum Bruch belastet, wie z. B. den Probebinder von 35 m Stützweite für die Querbahnsteighalle des Hauptbahnhofes Leipzig*), oder aber, daß man ein Modell in verkleinertem Maßstab für ein größeres Stück des Bauwerkes herstellt und ebenfalls belastet. Ein solcher Modellversuch gibt immerhin einen Anhalt für das Kräftespiel und die Formänderungen, die vor allem auch bei Stützensenkungen und Widerlagerverschiebungen eintreten können. Von der ausführenden Firma wurde daher ein Modell im Maßstab 1 : 25 nach Fig. 66 für eine Apside angefertigt und an den Stellen der Kuppellager mit einer Gesamtlast von 6000 kg belastet, die dem oben erwähnten Wert von $6 \times 200 = 1200$ t entspricht, also $^1/_{200}$ der wirklichen Last betrug. Als Material für das Modell wurde Eichenholz gewählt, um ein möglichst ähnliches elastisches Verhalten wie bei Eisenbeton zu erzielen. Die verschiedenen Tragteile, die Pfeiler, die Strebebogen und die Aufbauten waren in einzelnen Stücken lose zusammengebaut, ebenso war der Hauptbogen aus einzelnen Teilen zusammengesetzt. Durch Blaupapier, das in die Fugen der verschiedenen Teile eingelegt wurde, vermochte man die Druckverlagerung bei der stetig wachsenden Belastung festzustellen.

An diesem Modell konnte unter anderem der starke Einfluß eines etwaigen Ausweichens der Strebebogen beobachtet werden, was vor allem zur Erkenntnis der Notwendigkeit führte, die Abstützung durch die Strebebogen so sicher als irgend möglich auszubilden. Daher wurden hauptsächlich die Gründungskörper der Pfeiler, auf denen die Strebebogen ruhen, besonders sorgfältig durchgebildet, weil im Falle eines Kippens dieser Pfeiler in der Bodenfuge eine Gesenkwirkung daselbst entstanden wäre und dann die gesamte Abstützung mittels der am oberen und unteren Ende gelenkig gelagerten Strebebogen, wie ein Dreigelenkbogen gewirkt, also keine hinreichende Sicherheit geboten hätte. Zur Vermeidung solcher Gefährdungen bei Widerlagerveränderungen wurden ferner drei wagerechte Versteifungsbänder in jeder Apside angeordnet (siehe Fig. 65) und zwar ein unteres Band E zur Verbindung der Pfeilerköpfe, ein mittleres und oberes Band D und C am unteren und am oberen Teil der Strebebogen. Auf diese Weise wurden die Strebebogen derart zusammengekuppelt, daß bei einem etwaigen Ausweichen eines derselben, die anderen zur Lastübertragung herangezogen werden.

Endlich wurde auch noch die Frage eingehend erörtert, ob an den Kämpfern der Hauptbogen Gelenke eingefügt werden sollten. Sie hätten zweifellos den Vorteil geboten, daß in dem stehenden Zylinderkörper von 200 m Umfangslänge, der sich aus den 4 Bogen und Hauptpfeilern zusammensetzt, Fugen mit einem größten Abstand von 40 m ausgebildet worden wären, die bei starker Wärmewirkung eine zwanglose Bewegung ermöglicht hätten. Durch solche Fugen wäre aber die Einspannung der Hauptbogen an den Kämpfern aufgehoben worden und damit auch die kragträgerartige Wirkung eines jeden Bogens im Grundriß, die neben der Abstützung durch die Strebebogen einen sehr willkommenen Sicherheitsfaktor bietet. Außerdem hätte aber die An-

*) Siehe Deutsche Bauzeitung 1912 Betonbeiblatt Nr. 9—11.

ordnung von Kämpfergelenken eine Zusammenziehung des Kraftstromes, der sich jetzt über einen Bogenquerschnitt von 22 qm verteilt, auf einen Gelenkpunkt bedingt, wobei auch noch die Schwierigkeit der konstruktiven Ausbildung eines Kugelgelenkes für den ungewöhnlich großen Druck von 1240 t in Betracht gekommen wäre.

Endlich ist aus Fig. 66 auch ohne weiteres zu erkennen, daß durch die Einfügung von Kämpfergelenken der vom Architekten gegebenen Bogengestalt künstlich Gewalt angetan worden wäre. Die Beobachtungen der Formänderungen im Modell bestärkten auch die Überzeugung, daß eine Einspannung der Bogen an den Kämpfern dringend erwünscht war, so daß man auf eine Einlegung von Kämpfergelenken verzichtete.

Während das eigentliche Tragwerk der Kuppel aus den 32 Rippen, dem Zugring und dem Druckring gebildet wird, bestand doch die Notwendigkeit, auch hier, ähnlich wie bei den Strebebogen der Apsiden, die Aussteifung durch die wagerechten Ringdecken möglichst wirksam zu gestalten. Da das Ideal aller massiven Kuppeln sicherlich immer die Vollkuppel ist, muß bei jeder Rippenkuppel für eine solche wagerechte Aussteifung Sorge getragen werden, um bei einseitigen Belastungen möglichst viele Rippen zur Mitarbeit heranzuziehen. An die Stelle der gekreuzten Diagonalen, die bei eisernen Kuppeln zwischen den Rippen und den Ringen liegen, treten bei den Eisenbetonkuppeln Vierecksgefache, deren Ecken möglichst steif, am besten rahmenartig auszubilden sind. Daher wurden jeweils möglichst kräftige Ringe unter den senkrechten Wänden der Aufbauten ausgebildet und auf ihre Verbindung mit den Rippen besondere Sorgfalt verwendet.

Ebenso war auch die Aussteifung des Druckringes erwünscht, um bei einseitiger Wind- und Schneelast einer Verdrehung desselben vorzubeugen. Als Tragwerk der Laterne wurden daher 4 steife Rahmenbinder gewählt und der Anschluß der Kuppelrippen an den Druckring mit kräftigen, wagerechten Vouten ausgebildet.

Zum Schluß dieser Vorerörterungen sei nochmals der Grundgedanke der konstruktiven Gestaltung hervorgehoben, nämlich das Bestreben, allenthalben eine möglichst große Steifigkeit dieses Raumgebildes zu erzielen. Die Eigenart der Lösung unserer Aufgabe geht besonders aus einem Vergleich mit einem anderen bemerkenswerten Ausführungsfalle, der Querbahnsteighalle Leipzig, hervor, bei dem gerade das entgegengesetzte Bestreben vorlag. Der Grund bestand darin, daß beim Hauptbahnhof Leipzig sehr ungünstige Bodenverhältnisse und zwar verschieden preßbarer Baugrund vorhanden war, die Haupttragteile zum Teil auf eigenen Füßen standen, zum Teil aber auch auf Mauerwerk ruhten, wobei also verschieden starke Setzungen zu befürchten waren. Daher wurden bei diesem Bauwerk alle Haupttragteile statisch bestimmt ausgebildet und zwar entweder als Dreigelenkbogen oder als Balken auf 2 Stützen. Übrigens war die Auflösung in einzelne ebene Träger bei dem langgestreckten rechteckigen Grundriß dieser Halle auch die gegebene Lösung.

Ganz anders lagen die Verhältnisse bei unserer Festhalle. Das räumliche Gebilde von der Form eines Rotationskörpers bedingte neben den Tragteilen, die in senkrechten oder geneigten Ebenen liegen, auch noch die Einfügung wagerechter, quer dazu liegender Glieder, durch die erst das räumliche Tragwerk vervollständigt wird. Während nun das Raumfachwerk einer Kuppel bei der Ausführung in Eisen ohne Schwierigkeiten statisch bestimmt ausgebildet werden kann, wird beim Eisenbeton schon durch die Eigenart seiner Erzeugung als Körper, der wie aus einem Gusse hergestellt wird, eine vielfache statische Unbestimmtheit bedingt. So erschwerend eine solche Vermehrung der statisch unbestimmten Größen für die Berechnung ist, so vorteilhaft wirkt sie anderseits auf die Sicherheit des Bauwerkes, weil jede Erhöhung des Grades der Unbestimmtheit eine Vergrößerung seiner Steifigkeit mit sich bringt. Der Eisenbeton ist daher für statisch unbestimmte Raumfachwerke auf Grund der Eigenart seiner Erzeugungsweise besonders geeignet; umgekehrt sollte man also bei der Ausführung in Eisenbeton ohne Rücksicht anf die Erschwernisse für die Rechnung stets den Vorteil der weitgehenden Verteilung der einzelnen Lasten ausnutzen, weil sie ohne nennenswerte Kosten und ohne konstruktive Schwierigkeiten leicht zu erreichen ist. Nur die eine Voraussetzung muß hierbei gegeben sein, daß im Gegensatz zu dem Falle der Querbahnsteighalle Leipzig der Baugrund gleichmäßig preßbar ist, eine Forderung, die bei unserem Bauwerk allerdings in hohem Maße erfüllt war.

B. Die konstruktive Gestaltung der Einzelteile und die Bauausführungen.

Die Einrichtung der Baustelle und die Rüstungen.

Auf eine sorgfältige und zweckmäßige Einrichtung der Baustelle wurde hier besonderes Gewicht gelegt, weil der Bau in möglichst kurzer Zeit ausgeführt werden sollte*).

---

*) Die Rekordleistungen der Amerikaner in der Verkürzung der Ausführungszeiten bei großen Bauten beruhen hauptsächlich auf einem klaren Bauprogramm und einer sorgfältigen Vorbereitung. Dadurch, daß möglichst alle Baustoffe bereits vor Beginn angeliefert und auch durch

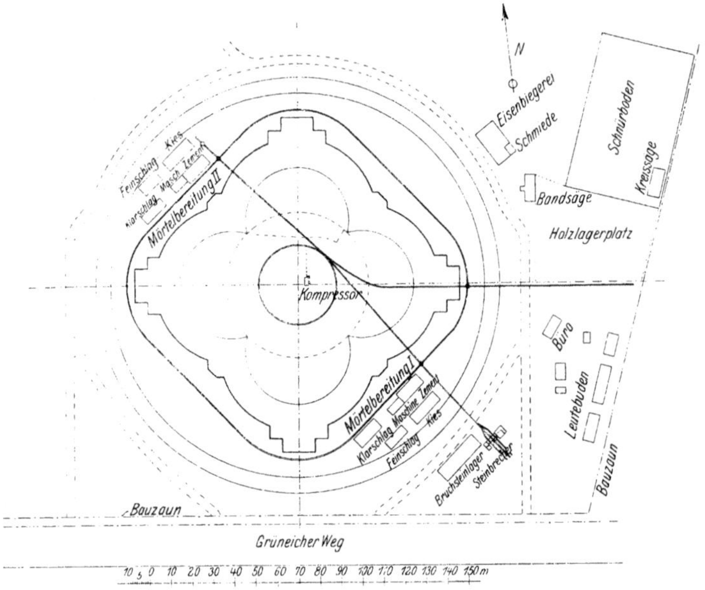

Fig. 67.

Grundplan der Baustelle.

Der Grundplan der Baustelle (Fig. 67) zeigt, daß für die erforderlichen Hilfseinrichtungen und Lagerplätze reichlich Raum zur Verfügung stand.

Mit Rücksicht auf den Umfang des Bauwerkes wurden zwei getrennte Mörtelbereitungsanlagen an zwei einander gegenüberliegenden Seiten des Bauwerkes errichtet. Ein Steinbrecher diente dazu, ausgemusterte Pflastersteine von schlesischem Granit zu Klarschlag und Feinschlag zu verarbeiten. Ein ringförmiges Gleis schmiegte sich möglichst dicht dem Umriß der Hallengrundfläche an. Ferner führte ein zweites Gleis vom Steinbrecher nach den beiden Mörtelbereitungsanlagen, ein drittes Gleis endlich vom Holzlagerplatz zur Hallenmitte mit einer ringförmigen Schleife unter der Kuppel. Längs des Zufahrtsweges lag außer dem Baubureau der Eisenbiegeschuppen mit Schmiede und der 2500 qm fassende Schnürboden nebst Holzlagerplatz mit Kreis- und Bandsäge Ein Blick auf diese umfangreichen Anlagen zeigt auch Fig. 68.

Fig. 68.

Blick vom Mittelturm auf den Lagerplatz und das Kabelbahngleis.

Abschlagszahlungen vergütet, dagegen die bei uns leider sehr beliebten Abänderungen während des Baues seitens der Architekten aber vermieden werden, können die vorgesehenen, oft überraschend kurzen Fristen auch fast stets eingehalten werden.

Zur Erzeugung von Druckluft für die pneumatischen Betonstampfer war eine Kompressoranlage, die zur Herstellung der Gründungskörper und Pfeiler verwendet wurde, in der Mitte des

Fig. 69.
Lehrgerüste der Hauptbogen und Mittelturm der Kabelbahn.

Hallengrundrisses aufgestellt, von wo aus die Rohrleitungen nach den vier Hauptpfeilern liefen.

Um den Holzbedarf für die Hilfsgerüste möglichst einzuschränken, wurden eingehende Vorstudien über die zweckmäßigste Anordnung einer geeigneten Förderanlage für die zu verwendenden Baustoffe Holz Eisen und Mörtel vorgenommen, welche die Aufgabe hatte, diese von dem Umfangsgleis nach jedem Punkte des Bauwerkes zu schaffen. Die Beobachtungen bei amerikanischen Baubetrieben führten den Verfasser gemeinsam mit der Firma Bleichert & Co., Leipzig-Gohlis, zu der neuartigen Lösung einer sogenannten Karussellkabelbahn, die dem zuerst erörterten Plan eines um die Mitte des Bauwerkes drehbaren großen Schwenkkranes vorgezogen wurde. Diese Kabelbahn ist von einem 52 m hohen festen Gerüstturm, der im Mittelpunkte der Anlage steht, nach dem nur 14 m hohen fahrbaren Turm gespannt, der auf einem vollen Kreis von 190 m ∅ verschiebbar ist (s. Fig. 69). Durch diese Anlage konnte jeder Punkt des als Rotationskörper zu betrachtenden Bauwerkes auf dem kürzesten Wege durch die Luft erreicht werden. Um die Leistung der Anlage zu erhöhen, wurden zwei solcher Kabelbahnen mit zwei fahrbaren Türmen beschafft, die unabhängig voneinander arbeiteten und sich um den beiden gemeinsamen Mittelturm bewegten. Außer diesen Türmen waren keinerlei Hilfsgerüste erforderlich. Die Tragfähigkeit der Kabelbahn betrug normal 1600 kg, maximal 2500 kg. Durch Zusammenarbeiten der dicht aneinandergerückten beiden Kabelbahnen konnte die doppelte Last gefördert werden (s. Fig. 70). Die Leistung betrug 10 cbm Beton in der Stunde, bei einer Hubgeschwindigkeit von 30 m in der Minute und einer Fahrgeschwindigkeit der Laufkatze von 90 m in der Minute, wozu ein Antriebsmotor von 32 PS erforderlich war. Das Verfahren der Türme

Fig. 70.
Fahrbare Türme der Kabelbahn.

Fig. 71. Seitenansicht eines fahrbaren Turmes.

war. Dagegen wurden die Aufbauten der Türme mit dem Führerhäuschen aus wirtschaftlichen Gründen in Holz ausgeführt. Das Tragseil der Kabelbahn war mittels eines Betongewichtes auf dem fahrbaren Turm verankert. Von dem hoch gelegenen Führerhäuschen aus konnte jede Bewegung der Last auf ihrem ganzen Wege mit dem Auge verfolgt werden, wobei durch Zeiger die genaue Einstellung erleichtert wurde. Auf diese Weise war zur Bedienung einer Kabelbahn nur ein Mann erforderlich.

Das Gleis für die fahrbaren Türme hatte eine Spurweite von 8,5 m (s. Fig. 71). Während die äußere Schiene lotrecht stand, war die innere Schiene der Richtung der Druckstrebe des Turmes entsprechend geneigt, so daß sie auf einem Kegelmantel lag. Da 15 m lange, also sehr elastische, erfolgte mittels eines besonderen Motors, der im Notfalle durch Handantrieb ersetzt wurde. Da die Höhe der fahrbaren Türme 14 m, die des Mittelturmes aber 52 m und die Spannweite des Kabels rund 100 m betrug, ergab sich die außergewöhnlich starke Neigung der Kabelbahn von rund 1 : 3. In Verbindung mit der unumgänglich nötigen großen Fördergeschwindigkeit war damit eine Aufgabe für die Firma Bleichert & Co. gestellt, die hier wohl zum ersten Male in vorzüglicher Weise gelöst wurde. Der gesamte Antrieb der Kabelbahn war in den beiden fahrbaren Türmen eingebaut. Die untere Plattform dieser Türme wurde durch ein eisernes Gerippe gebildet, so daß die Motoren auf einem steifen Boden befestigt werden konnten und die Antriebsvorrichtung keinen nachteiligen Formenänderungen und Störungen ausgesetzt

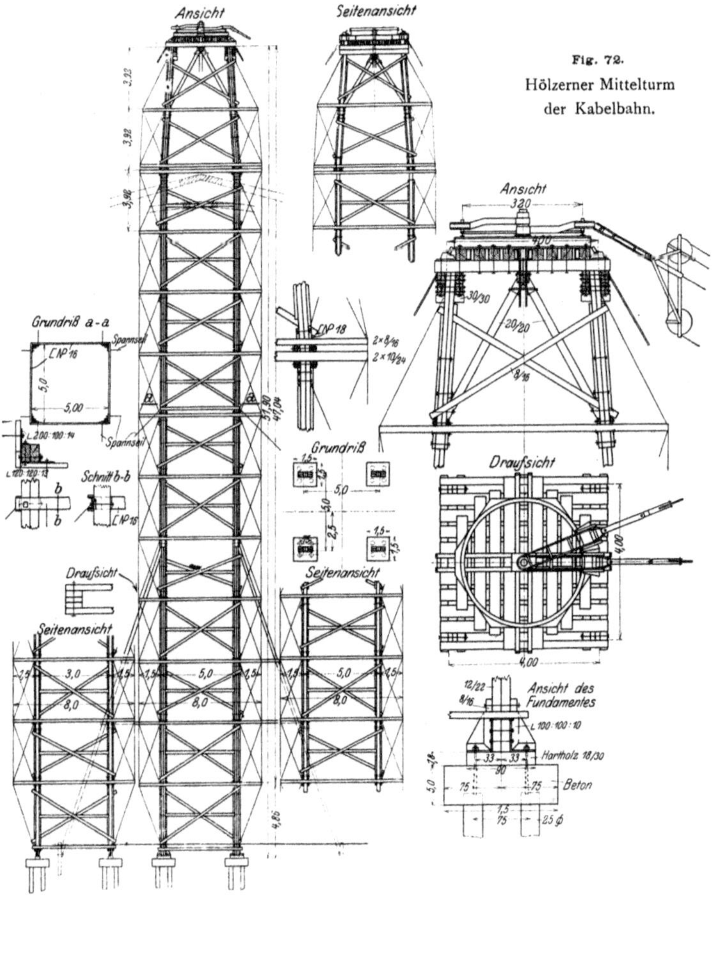

Fig. 72. Hölzerner Mittelturm der Kabelbahn.

Schienen verwendet wurden, konnte die doppelte Krümmung ohne Schwierigkeiten durch Aufnageln auf den dicht liegenden 1,25 m langen hölzernen Querschwellen erzeugt werden. Erfreulicherweise traf die von einigen Seiten gehegte Befürchtung, daß die innere Schiene unbedingt auf einem durchlaufenden Betonklotz liegen müsse, um störende Setzungen und Krümmungen zu vermeiden, hier in aufgeschüttetem Boden gelagert waren. An der Außenseite des Gleises war die Schleifleitung für die Stromzufuhr auf hölzernen Masten verlegt.

Die konstruktive Ausbildung des Mittelturmes, der gleichzeitig als Hauptzugang für die Hilfsgerüste diente, war deswegen eine eigenartige Aufgabe, weil in einer Höhe von 52 m eine wagerechte Kraft von 20 t angriff, die durch die beiden nebeneinander stehenden Kabelbahnen hervorgerufen wurde. Die Ausführung dieses Turmes in Eisen wäre wohl konstruktiv einfacher gewesen, verbot sich aber mit Rücksicht auf den hohen Kostenaufwand, weil dieses eigenartige Bauwerk nur einmal in dieser Form und nur vorübergehend gebraucht wurde. Es wurde daher dieser Turm in Holz ausgeführt, trotz der Schwierigkeit, die vielen Stoßstellen einwandfrei und sicher wirkend auszubilden.

Die vier Ständer des Turmes sind nach Fig. 72 auf eingerammten Holzpfählen gegründet und fachwerkartig miteinander fest verbunden. Sie bestehen aus je zwei Kanthölzern, die mit abwechselnden Stößen durch die 13 Stockwerke geführt sind. Am Kopfe des Turmes und in halber Höhe waren je 4 Drahtseile zur Verankerung nach den Gründungskörpern der 4 Hauptpfeiler gespannt. Um die Knicksicherheit zu erhöhen und vor allem die Stoßstellen einwandfrei zu stützen, wurden die wagerechten Zangen über die Ständer hinaus verlängert und ihre Endpunkte mit den Knoten des darüber und darunter liegenden Stockwerkes durch hängewerkartig gespannte Drähte verbunden. Schließlich wurden sämtliche Zangenenden noch durch senkrecht von oben bis unten durchlaufende Drähte zusammengefaßt. Überdies waren die Knicklängen zwischen den einzelnen Stockwerken durch wagerechte Riegel verringert worden.

nen Bauteilen mittels Drahtseilen oder dünnen Drähten die Gefahr besteht, daß die Drähte in das Holz einschneiden, sind hier für den Angriff der Drähte wagerecht liegende eiserne Rahmen angeordnet worden, die den Turm am Kopfe und in halber Höhe umfassen (siehe Fig. 72). Um ein zwangloses Drehen der beiden Kabelbahnen um den Königszapfen zu ermöglichen und eine klare Kraftübertragung auf den Turm zu gewährleisten, wurde auf der aus zwei gekreuzten Schwellenlagen bestehenden Plattform ein Schienenkranz verlegt, auf dem jede Kabelbahn mit einem Rollwagen abgestützt war. In dem Bauzustand der Fig 69, in welchem dieser Turm vollständig frei stand und dem vollen Windangriff ausgesetzt war, hat er während der Osternacht 1912 einen orkanartigen Sturm ohne jeden Schaden überstanden.

Einer Überlastung des Turmes bei den vielfach wechselnden Belastungen durch die Kabelbahn war übrigens durch die Bemessung des Gegengewichtes in den fahrbaren Türmen vorgebeugt; dieses war so gewählt, daß der Turm sich von der äußeren Schiene abhob, sobald eine Überschreitung der zulässigen Belastung der Kabelbahn eintrat. Beim Ziehen der schweren Rüststämme im Anfang des Baues wurde wiederholt ein solches Abheben bis zu 0,5 m beobachtet und dadurch der Kranführer zur Vorsicht gemahnt. Bei dieser Bewegung vergrößerte sich der Seildurchhang, wodurch eine Verringerung des wage-

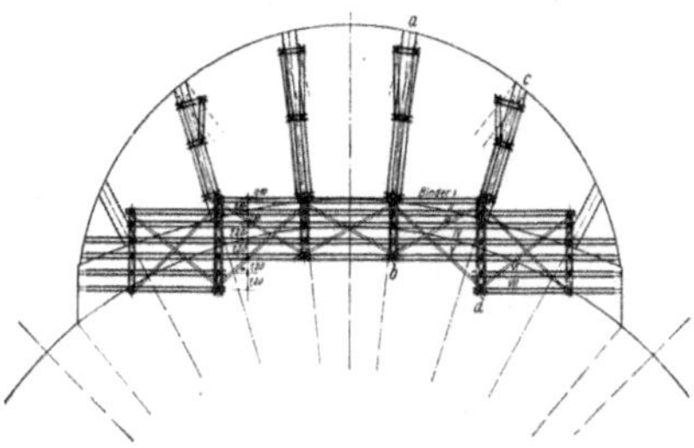

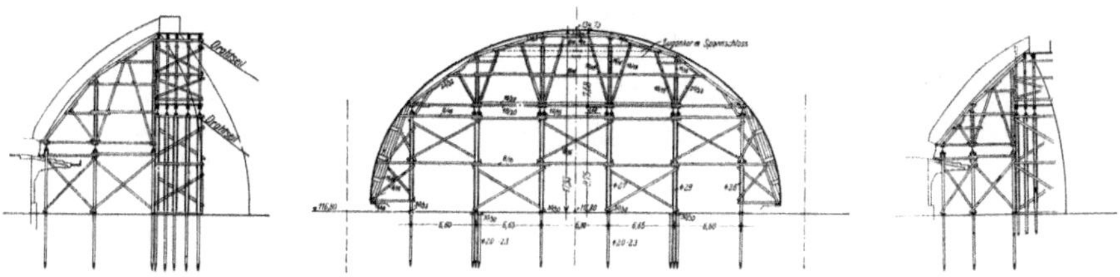

Fig. 73.

Lehrgerüste des Hauptbogen.

Fig. 74.

Gerüste und Schalung der Hauptbogen und Strebebogen, sowie des Daches.

rechten Seilzuges und somit ein willkommener Ausgleich entstand.

Diese neuartige Anlage, die von der Firma Bleichert & Co. in der maschinellen Einrichtung ausgebildet wurde, hat sich in jeder Hinsicht bewährt und wesentlich dazu beigetragen, die Ausführungszeit abzukürzen. Eine Voraussetzung für die Anwendung dieser Anlage war allerdings, daß die Baupolizei, abweichend von der sonst üblichen Auffassung, die Anwendung eines Hebezeuges gestattete, bei dem die Lasten über die arbeitenden Menschen hinweggeführt werden. Besonders sei darauf hingewiesen, daß irgendein Unfall hierbei nicht vorgekommen ist*).

Die Rüstung für die 4 Hauptbogen (siehe Fig. 69 u. 73) ist in bekannter Weise durchgebildet. Bemerkt sei hierbei, daß die einzelnen Binder im Grundriß trotz der Krümmung des Bauwerkes eben ausgebildet waren, wobei nur 2 Binder vollständig durchgeführt wurden und die übrigen nur so weit, als es die Schalung erforderte. Die Rüstung für die Strebebogen diente gleichzeitig zur seitlichen Abstützung dieser Hauptbogengerüste. Die Joche des Unterbaues dieser Rüstung sowie die großen Schalungsflächen für die Hauptpfeiler wurden an Ort und Stelle, auf dem Erdboden liegend, zusammengebaut und im ganzen mittels Winden aufgerichtet.

Das 37 m hohe Kuppelgerüst bestand der Rippenteilung an der Kuppel entsprechend, aus 32 ebenen Gerüstwänden, die im Grundriß radial angeordnet waren und in üblicher Weise ausgebildet sind (siehe Fig. 65). Die Gerüstständer wurden auf Holzpfählen gegründet. Bemerkenswert ist, daß die 5 × 32 = 160 Stück eisernen Gerüstspindeln wegen der starken Krümmung der Kuppel in zwei Stockwerken angeordnet wa-

Fig. 75.

Rüstung der Kuppel.

*) Bekanntlich sind die Amerikaner gerade durch die großzügige Einrichtung ihrer Baustellen und die Ausbildung und Handhabung ihrer Hebezeuge uns voraus. Dieser Vorsprung kann nur dann eingeholt werden, wenn auch die Behörden die Arbeiterschutzbestimmungen in möglichst wenig engherziger Weise anwenden und damit auch dazu beitragen, unsere Arbeiter zu größerer Achtsamkeit und zu selbständiger Beurteilung etwaiger Gefährdung zu erziehen.

ren, in denen auch eine vollständig dichte Abdeckung der Arbeitsfläche in zwei Ringen zum Schutze der Arbeiter vorhanden war. Die Laternenrüstung wurde später auf den fertigen Druckring der Kuppel aufgesetzt, so daß später das Kuppelgerüst unabhängig von der Ausführung der Laterne entfernt werden konnte.

In Fig. 74 ist die Schalung für die Hauptbogen mit ihrer eigenartigen doppelten Krümmung zu sehen, sowie die Lehrgerüste für die Haupt- und Strebebogen im fertigen Zustande und der Beginn des Aufbaues der Kuppelrüstung mit den Lehren für den Kuppelunterbau. Die nahezu fertige Kuppelrüstung zeigt Fig. 75, in welcher auch die oberste Plattform sowie die Einschalung der Hauptbogen und des Windrahmens deutlich zu erkennen ist.

C. Die Ausführung des Unterbaues.

Der Baugrund bestand allenthalben aus gleichmäßig festgelagertem Sand, sodaß ein gleichmäßiges Setzen der vielfach statisch unbestimmten Bauteile zu erwarten war. Die Bodenfuge der Pfeiler war übrigens nicht wagrecht, sondern geneigt angenommen und zwar möglichst rechtwinklig zur Richtung der Mittelkraft. Der Bodenaushub und die Herstellung der Gründungskörper erfolgte in bekannter Weise unter Absenkung des Grundwassers mittels Rohrbrunnen. Bei den Hauptpfeilern waren diese Rohrbrunnen nur entlang der Innenseite der Gründungskörper, also möglichst in der Nähe der tiefsten Stellen der Baugrube angeordnet und zwar jeweils 3 Stück mit etwa 5 m Abstand voneinander.

Der Kiesbeton für die Gründungskörper im unteren Teile hat das Mischungsverhältnis 1 : 7, im oberen Teile 1 : 5½, während zur Einbettung der Eiseneinlagen 1 : 4 und bei den Pfeilern ein Klarschlagbeton 1 : 6 : 8 verwendet wurde. Für sämtliche Gründungskörper und für die nur schwach bewehrten großen Pfeiler wurde der Beton mittels Preßluft eingestampft, wobei für einen Stampfarbeiter zum Heranbringen und Verteilen des Mörtels 5 Hilfsarbeiter nötig waren. Durch Versuche konnte hierbei festgestellt werden, daß, nachdem der Beton von Hand mit der vorschriftsmäßigen Anzahl von Stampfstößen abgerammt und von 18 cm auf 15 cm Schichtstärke verdichtet war, durch die nachträgliche Verwendung von Preßluftstampfern eine weitere Zusammendrückung um 2 cm, mitunter sogar um 3 cm erreicht wurde*).

*) Eingehende Vergleichsversuche über die Druckfestigkeit von Betonkörpern, die mit Preßluftstampfern oder nach dem üblichen Stampfbetonverfahren hergestellt sind, werden zur Zeit vom Deutschen Ausschuß für Eisenbeton in der Versuchsanstalt Darmstadt vorgenommen.

Für die großen armierten Betonkörper mit verhältnismäßig wenig Eiseneinlagen, durch welche die Bewegungsfreiheit nicht allzusehr behindert wird, hat sich dieses Preßluftverfahren durchaus bewährt. Diese Erfahrung ist um so beachtenswerter, als auch im Betonbau, wie überall im Bauwesen, die gelernten Spezialarbeiter immer seltener werden und wir, genau wie die Amerikaner, mehr und mehr auf die Anwendung maschineller Hilfsmittel zukommen müssen.

Fig. 76.
Schalung und Eiseneinlagen der Hauptbogen.

Die Bewehrung der Hauptbögen ist in Fig. 21 (Seite 28) zu ersehen, während die Größe der Abmessungen aus Fig. 76 deutlich hervorgeht. Da für die sämtlichen inneren Ansichtsflächen des Bauwerkes keinerlei Verputz vorgesehen war, wurden die Schalbretter an den Stirnseiten radial gestellt, um durch die nicht ganz zu vermeidenden Spuren der Brettfugen das Wesen des Bogens hervortreten zu lassen. Die Längseisen liefen parallel zu den 4 gekrümmten Flächen der Hauptbögen. Im Scheitel betrug die Bewehrung bei 3,0 qm Gewölbequerschnitt 0,32 %, im Kämpfer bei 21,0 qm Querschnitt nur 0,06 %. Diese verhältnismäßig geringe Eisenbewehrung, die auf Grund der sorgfältigen Berechnung unter Berücksichtigung aller Nebeneinflüsse (vergl. Seite 29) angeordnet wurde, ist ein Beweis dafür, daß für solche Druckglieder der Eisenbeton im Vergleich zu einer reinen Eisenkonstruktion ein vorzüglich geeigneter und auch durchaus wirtschaftlicher Baustoff ist. Mit Rücksicht auf die allerdings verschwindend kleinen Torsionsspannungen (vergl. Seite 27) wurden noch einige Schrägeisen in den Bogenflächen eingelegt. Da bei diesen außergewöhnlich großen Querschnitten die üblichen Bügel nicht erforderlich waren, verankerte man die Eiseneinlagen an der inneren Stirnseite der Bögen nur mittels 50 cm langer S-förmiger Bügel im Betonkörper, um ein Abspringen der die Eisen umhüllenden Betonschicht zu verhindern.

Fig. 77.
Lagerschalen für die Gelenke der Strebebogen.

Das Mischungsverhältnis des Betons zur Einbettung der Eiseneinlagen an den 4 Bogenflächen war 1 Teil Zement, 3 Teile Kiessand und 3 Teile Granitfeinschlag, für den inneren Betonkern ohne Eiseneinlagen dagegen (vergl. Fig. 21 Seite 28) den auftretenden Beanspruchungen entsprechend im unteren Teil 1 : 6 : 8, im mittleren Teile 1 : 5 : $6^1/_2$ und im oberen Teile 1 : 4 : $5^1/_2$, endlich für die Schlußstücke im Scheitel auf 1,0 m Bogenlänge 1 : $2^1/_2$: $2^1/_2$ und daran anschließend auf 2,5 m Länge 1 : 3 : 3.

Das Betonieren erfolgte in der bekannten Weise nach der sogenannten Lamellen- oder Streifenteilung, wie es allgemein bei gewölbten Betonbrücken üblich ist, um dem Schwinden des Betons Rechnung zu tragen. Zur Erörterung des Betonierungsvorganges denke man sich in Fig. 21 (Seite 28) die eine Hälfte des Bogenlängsschnittes vom Kämpfer beginnend mit Ausnahme des Schlußstückes in 6 Bogenstücke eingeteilt und in dieser Reihenfolge beziffert. Zuerst wurden der Reihe nach die Streifen 2, 4 und 6, sodann 1, 3 und 5 ausgeführt, endlich zuletzt das Schlußstück im Scheitel. Bei dieser Anordnung war darauf Rücksicht genommen, daß die zuerst ausgeführten geradzahligen Streifen möglichst senkrecht über den lotrechten Stützen der Lehrgerüste lagen und somit ein möglichst frühzeitiges Zusammendrücken desselben herbeiführten.

Die für die Ausführung bedeutsamen Einzelheiten der Strebebogen in den Apsiden sind in Fig. 22 und 24 (Seite 29 und 30) zu sehen. Nachdem die senkrechten Pfeiler im Umfang der Apsiden fertiggestellt waren, folgte zunächst die Ausführung des sich anschließenden Fußes mit den unteren Gelenken für die Strebebogen. Mittels eines Holzkastens wurde der Raum für diese Kugelgelenke ausgespart und das Gelenk, welches aus zwei Stahlgußschalen (siehe Fig. 77) bestand, erst nach dem Betonieren der Strebebogen von der Seite her eingeschoben. Die in Fig. 22 (Seite 29) erkennbare 2 cm starke Fuge rings um die Kugellagerschalen wurde mittels einer 5 cm starken Gipsleiste längs ihres Umfanges abgeschlossen, der Zwischenraum zwischen dieser und dem Holzkasten mit Sand ausgefüllt und endlich auf diese einstweilige, leicht wieder zu beseitigende Füllungsmasse der Fuge ein Streifen aus Teerpappe gelegt, um ein Anhaften des aufzubringenden Betons zu vermeiden.

Die an diese Lagerplatte aus Stahlguß anschließenden Eisenbetonkörper wurden mit drei Lagen gekreuzter Eisen von 12 mm ∅ und 5 cm Maschenweite bewehrt, bei einem Mischungsverhältnis von 1 : $2^1/_2$: $2^1/_2$. Einige bemerkenswerte Ergebnisse von Druckversuchen seien hier angeführt. Die Festigkeit der Betonwürfel von 30 cm Kantenlänge betrug nach 28 Tagen 260 kg/qcm, wobei in üblicher Weise der Druck der Presse auf die ganze Fläche übertragen wurde. Schränkte man dagegen die Druckfläche auf den vierten Teil, also auf ein Quadrat von 15 cm × 15 cm ein, so erhöhte sich die auf die Flächeneinheit dieser kleineren gedrückten Fläche bezogene Bruchbeanspruchung i. M. auf 567 kg/qcm bei den nicht bewehrten Betonkörpern, dagegen auf 927 kg/qcm nach ebenfalls 28 Tagen bei den Körpern, die in der bei unserem Bauwerk vorgesehenen Weise mit Eisen bewehrt waren. Nach einem Jahre stieg diese Zahl sogar auf 1089 kg/qcm, so daß man eine Druckfestigkeit von 1000 kg/qcm annehmen durfte. Diese Vorversuche bestätigen die Ergebnisse, wie sie bereits beim Bau der König-Friedrich-August-Brücke in Dresden und der Querbahnsteighalle in Leipzig von der Firma Dyckerhoff & Widmann A.-G. festgestellt sind.

Um ein Verschieben der Gelenke vor der Ausrüstung zu verhindern, waren, wie Fig. 77 zeigt, jeweils vier Rundeisenanker vorgesehen, die kurz vor der Ausrüstung abgeschnitten wurden.

Während bei unserem Bauwerk im allgemeinen mit einem verhältnismäßig geringen Wasserzusatz gearbeitet wurde, mußte bei den Strebebogen der Beton im Mischungsverhältnis 1 : 3 : 3 in etwas feuchterem Zustande verarbeitet werden, weil wegen der beiderseits geschlossenen Schalkästen das Einbringen und Verarbeiten des Mörtels nur von oben her erfolgen konnte. Die Ausführung wurde im unteren Teil der Strebebogen, etwa bis zu $^2/_3$ der Bogenlänge, noch dadurch erschwert, daß hier auch die obere Rückenfläche im Verlauf des Betonierens, ähnlich, wie es in der Regel bei den Säulen geschieht, allmählich zugeschalt werden mußte und dadurch ein sorgfältiges Unterstopfen erforderlich wurde. Der obere Teil des Kopfgelenkes war übrigens bereits bei der Herstellung der Hauptbogen ausgeführt worden.

Nach Fertigstellung der Strebebogen wurden die wagerechten Versteifungsbänder sowie die Aufbauten über den Apsiden ausgeführt. Zur Einbindung der wagerecht liegenden Versteifungsbänder wurden bei der Ausführung der Strebebogen 2,5 m lange Eiseneinlagen mit einbetoniert und in den senkrechten Seitenflächen der Strebebogen eine der Querschnittsform der Bänder angepaßte 5 cm tiefe Aussparung vorgesehen. Ferner waren für die später herzustellenden senkrechten Pfeiler der Apsidenaufbauten treppenförmige Aussparungen mit 5 cm Stufenhöhe angeordnet.

Die scharfe Trennung des Unterbaues von der Kuppel erlaubte es, die Ausrüstung des Unterbaues unabhängig von der Ausführung der Kuppel vorzunehmen und sich so ein vollständig klares Bild über die Kraftwirkung während der einzelnen Bauzustände zu verschaffen. Ein weiterer Vorteil lag aber auch in der Möglichkeit, die Rüstung frühzeitig zu beseitigen, dadurch die Räume der Apsiden für den Einbau der Tribünen und die weiteren Ausbauarbeiten zugänglich zu machen und das Rüst- und Schalholz für den Bau der Kuppel weiter zu verwerten. Für die wiederholte Verwendung der Schalbretter während der ganzen Bauzeit wurde übrigens eine Art Fahrplan derselben aufgestellt und durchgeführt.

Die sorgfältige statische Erörterung über die einzelnen Bauzustände erwies nun, daß es nicht zulässig war, das Tragwerk des Unterbaues auszurüsten, bevor die Aufbauten über den Apsiden als günstige Auflast auf die Strebebogen wirksam wurden. Ebenso notwendig war es aber, nach Fertigstellung dieser Aufbauten auch noch den Zugring der Kuppel zu betonieren, um ungünstigen Beanspruchungen der Hauptbogen vorzubeugen. Die Ausrüstung wurde somit erst vorgenommen, nachdem die Aufbauten in den Apsiden und der Zugring der Kuppel fertiggestellt waren.

Das Ausrüsten der Hauptbogen erfolgte derart, daß zuerst die Gerüstspindeln zweier einander gegenüber liegender Hauptbogen zum Teil abgedreht und sodann dasselbe Verfahren an den beiden anderen Hauptbogen vorgenommen wurde. Durch öftere Wiederholung dieses Vorganges konnte eine allmähliche Absenkung des Gerüstes und eine möglichst gleichmäßige Beanspruchung der Hauptpfeiler erreicht werden. Trotz sorgfältiger Messungen konnten Bewegungen der Hauptbogen und Pfeiler bei dieser Ausrüstung nicht festgestellt werden.

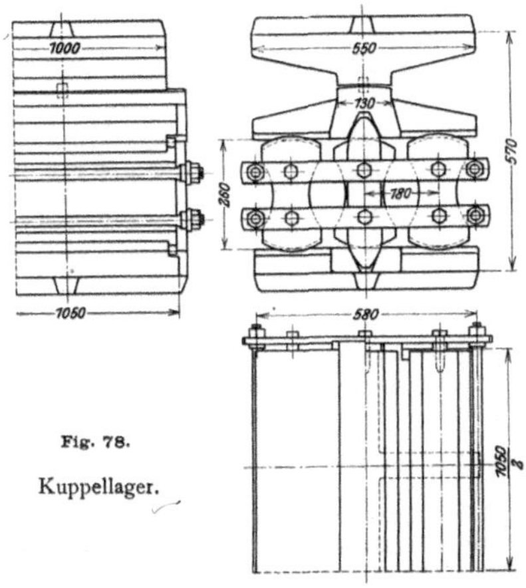

Fig. 78.

Kuppellager.

Die sogenannten Windrahmen, die das Tragwerk des zylindrischen Teiles über den Zwickeln der Hauptbogen bilden, wurden nach Fertigstellung der Betonierungsarbeiten der Apsiden (siehe Fig. 21, Seite 28) ausgeführt. Während die beiden mittleren Pfosten in den Hauptbogen eingespannt sind, wurden am Fuße der beiden äußeren Pfosten Gelenke ausgebildet. Die Formgebung dieser Gelenke bei der Herstellung im Bauwerke erfolgte durch Einlegen von Papierstreifen (siehe Fig. 21, Seite 28), die entsprechend der vorgesehenen Krümmung des zylindrischen Wälzgelenkes im äußeren Teil der Fuge in größerer Zahl, und zwar bis zu 4 mm Stärke übereinander gelegt wurden. Der obere wagerecht durchlaufende Balken des Windrahmens war von den beiden anschließenden, mit den Hauptbogen fest verbundenen Teilen durch zwei senkrechte Fugen getrennt, die in einfachster Weise durch Anstrich mit Seifenlauge hergestellt wurden.

D. Die Ausführung der Kuppel.

Die 32 Kuppellager waren nach Fig. 78 ausgebildet und für einen Lagerdruck von 200 t berechnet (siehe auch Fig. 56, Seite 51). Ihre Bemessung und Durchbildung erfolgte ganz ähnlich wie bei der Querbahnsteighalle für den neuen Hauptbahnhof in Leipzig auf Grund der dort vorgenommenen Versuche.

Beanspruchung des Eisens von 1250 kg/qcm im ungünstigsten Falle. Außer dem einfachen Strebenzug sind zur Verbindung der beiden Gurte an den 32 Knickpunkten eines jeden Trägers je 10 wagerechte Zuganker angeordnet. Um bei der Montage des Zugringes die richtige Lage im Aufriß und Grundriß zu gewährleisten, wurden vorher Betonklötze mit entsprechenden Abmessungen hergestellt, eingebaut und später mit

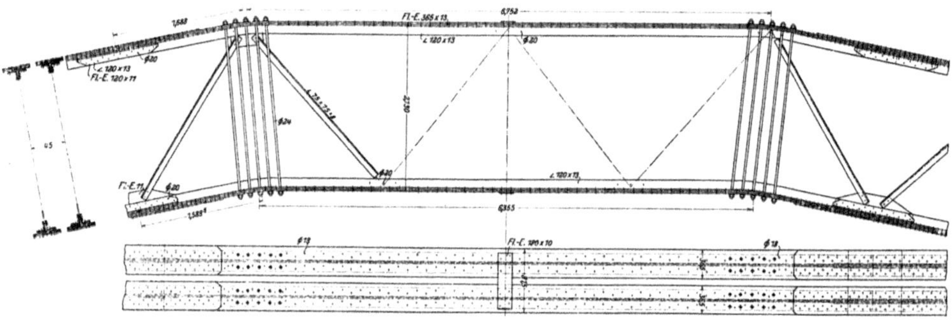

Fig. 79.

Zugring der Kuppel.

Der Zugring der Kuppel bestand, wie Fig. 79 und 80 zeigen, aus zwei übereinander liegenden genieteten Trägern mit Strebenfachwerk im Ge-

Fig. 80.

Montage des Zugringes der Kuppel.

samtgewicht von 130 t. Die Kosten dieser Eisenkonstruktion betrugen 34 000 M. Auf die sorgfältige Ausbildung dieses Zugringes, der gewissermaßen das Widerlager der Kuppel bildet und von den Windkräften auch auf Biegung beansprucht wird, wurde das größte Gewicht gelegt. Die Zugkraft betrug rd. 500 t bei einer zulässigen

einbetoniert. Zur Erzielung eines sicheren Verbundes der genieteten Träger mit dem Betonkörper waren ferner noch S-förmige Bügel an den Außenflächen der Gurte eingelegt worden.

Da das Betonieren des Zugringes vor dem Absenken des Unterbaues erfolgen mußte, wurde er in 8 durch einfache Fugen getrennten Ring-

Fig. 81.

Eisenbewehrung des Druckringes.

stücken hergestellt, von diesen zuerst die 4 über den Scheiteln der Hauptbogen liegenden Teile, im Anschluß hieran die übrigen dazwischen-

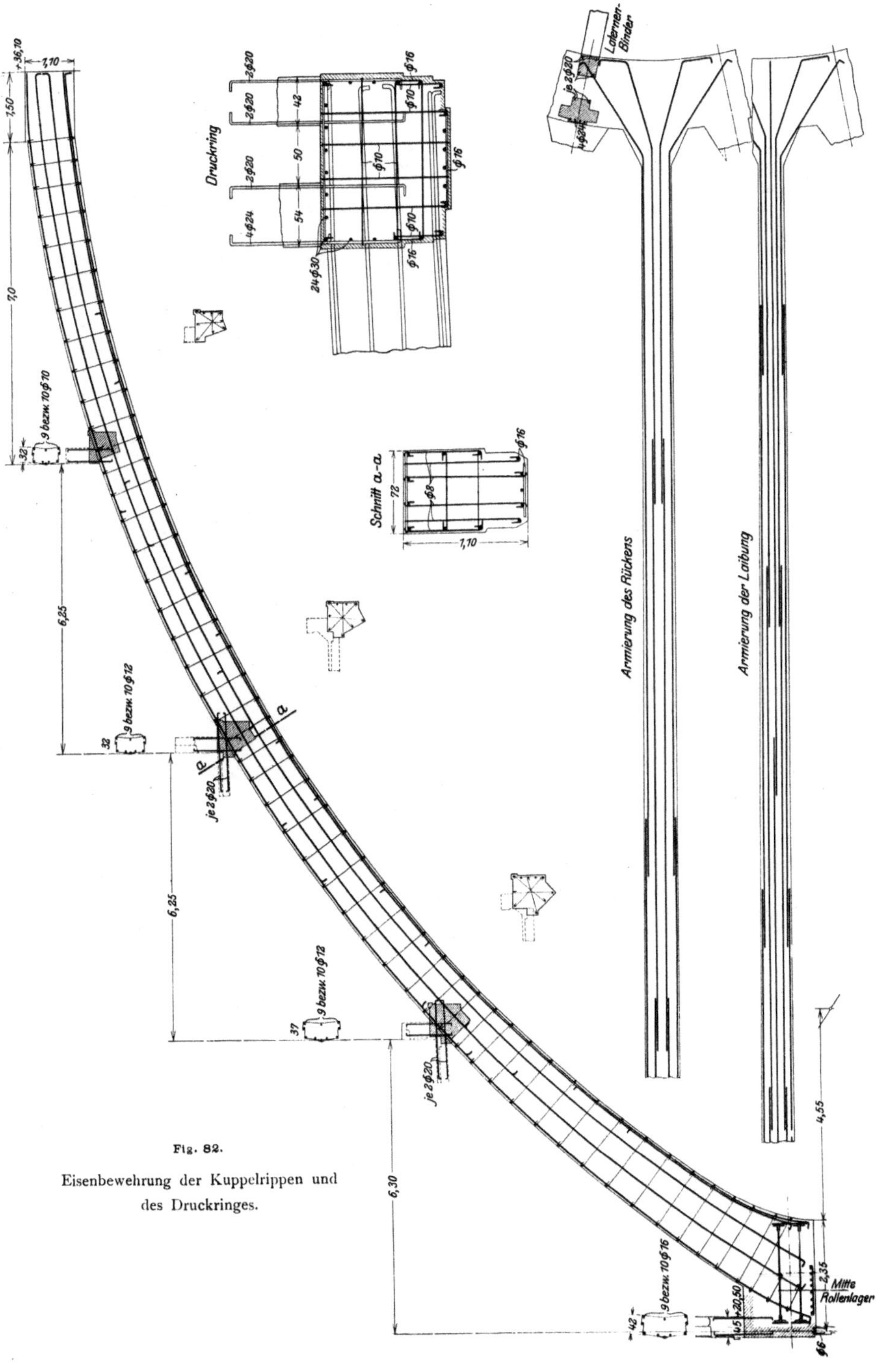

Fig. 82.

Eisenbewehrung der Kuppelrippen und des Druckringes.

liegenden Teile betoniert. Gleichzeitig mit der Herstellung des Zugringes erfolgte auch die Ausführung der Eisenbetonkörper, die den Ansatz der 32 Kuppelrippen bilden, so daß am Kämpfer jeder Rippe eine radiale Arbeitsfuge entstand.

Die Eisenbewehrung des Druckringes und der Kuppelrippen ist in Fig. 81 und 82 dargestellt. Zur Verbindung der einander gegenüber liegenden Eisen dienten allenthalben schleifenförmige Bügel. Um eine möglichst zuverlässige steife Verbindung

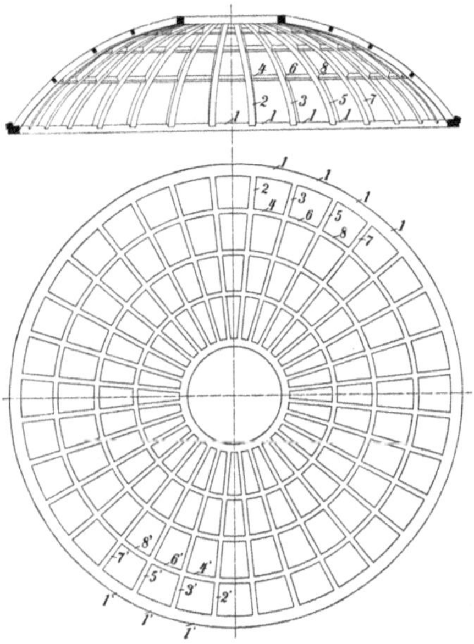

Fig. 83.
Betonierungsfolge der Kuppel.

des Druckringes mit den Kuppelrippen herbeizuführen und dadurch ungünstigen Beanspruchungen infolge einer Verdrehung desselben bei einseitiger Wind- und Schneelast vorzubeugen, sind diese an ihrem oberen Ende im Grundriß voutenartig verbreitert und die Eiseneinlagen fächerförmig in den Druckring eingeführt worden.

Bei allen Großkonstruktionen aus Eisenbeton besteht bekanntlich die schwierigste und bedeutsamste Aufgabe für die Ausführung darin während des Betonierens die Formänderungen des Lehrgerüstes unter dem außergewöhnlich großen Eigengewicht der Eisenbetonkörper auf ein Mindestmaß zu beschränken, um Zugrisse in dem jungen Beton zu vermeiden. Aus diesem Grunde wurde hier zum Zusammendrücken der Rüstung vor dem Betonieren eine künstliche Auflast aufgebracht, die dem späteren Eigengewichte des Tragwerkes der Kuppel entsprach. Diese oft nicht ganz einfach auszuführende Maßnahme war in unserem Falle um so leichter durchführbar, als hierzu das vorzügliche Hilfsmittel der Kabelbahn zur Verfügung stand. Mit ihrer Hilfe und mittels einer weiteren Motorwinde wurden 2000 Sandsäcke von je 100 kg Gewicht unterhalb des Druckringes auf dem Kuppelgerüst aufgebracht und die gleiche Last ringförmig im Grundriß auf die einzelnen Kuppelrippen in $^1/_4$ und $^3/_4$ ihrer

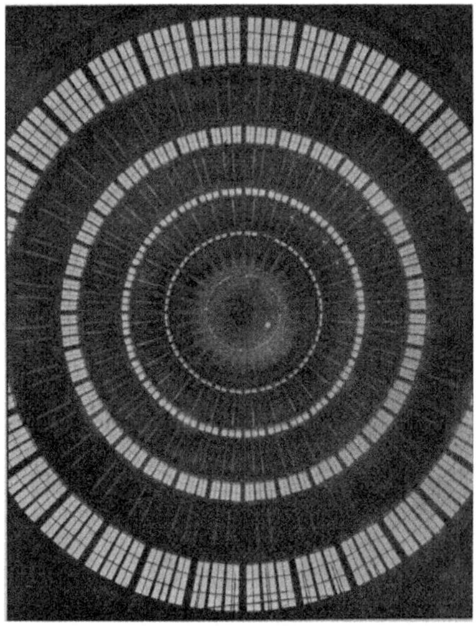

Fig. 84.
Blick von unten nach oben in die Kuppel.

Stützweite verteilt. Das Aufziehen der Säcke konnte innerhalb 5 Tagen erledigt werden, wobei von der Kabelbahn gleichzeitig noch Holz gefördert wurde. Die Kosten dieser Maßnahme haben sich auf nur etwa 500 M. belaufen, während die günstige Wirkung der Zusammenpressung des Lehrgerüstes zweifellos sehr hoch zu bewerten ist. Mit dem fortschreitenden Betonieren der Kuppelrippen und Ringe ließ man sodann den Sand aus den Säcken auslaufen, so daß jeweils ebensoviel Sand hinweggenommen wurde, als Betongewicht hinzukam und die Belastung des Lehrgerüstes dauernd dieselbe blieb.

Der Vorgang beim Betonieren der Kuppel war folgender: Zuerst wurde der Zugring, in Fig. 83 mit 1 bezeichnet, betoniert, sodann die Rippenstücke 2 u. 3 des unteren Ringteiles und schließlich das sie verbindende Stück 4 des ersten Versteifungsringes. Ganz entsprechend wurde auf der gegenüber liegenden Seite mit 2', 3', 4' verfahren, um eine vollständig symmetrische Belastung in jeder Meridian-Ebene zu erhalten. Die weitere Betonierungsfolge ist durch die Zahlen 5, 6, 7 und 8 angedeutet sowie entsprechend durch 5', 6', 7' und 8'; auf diese Weise wurde zunächst das untere Ringstück der Kuppel geschlossen, sodann das zweite, dritte und vierte Ringstück bis zum Druckring.

Fig. 85.
Eisenbewehrung der Laterne.

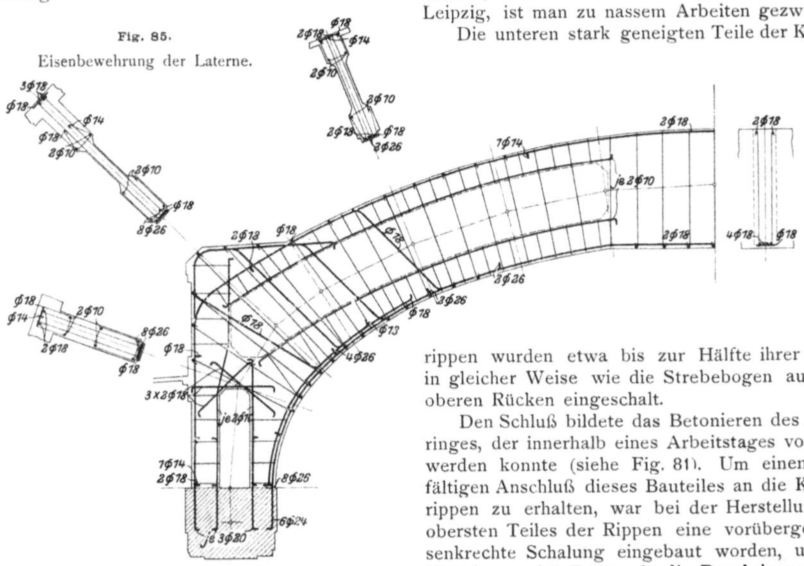

Dieser Vorgang bietet gegenüber der anderen naheliegenden Lösung, nämlich des Betonierens einer Meridianrippe nach der anderen, den großen Vorteil, daß jedes einzelne Ringstück nach hinreichender Erhärtung sich selbst zu tragen imstande ist. Die obere Versteifungsrippe bildet jeweils den Druckring für das darunterliegende Ringstück. Somit wurde ein Teil des Kraftstromes sobald als irgend möglich in das feste Widerlager, den Zugring der Kuppel, geleitet und damit das Lehrgerüst möglichst frühzeitig entlastet, so daß die Formänderungen der Rüstung auf ein Mindestmaß beschränkt wurden. Die zum Betonieren des Zugringes erforderliche Zeit betrug 6 Arbeitstage, die Zeit für das Betonieren der übrigen Kuppel 18 Arbeitstage.

Der für das Tragwerk der Kuppel verwendete Beton war verhältnismäßig trocken, um ein gutes Stampfen dieser hauptsächlich auf Druck beanspruchten Bauteile zu ermöglichen und ein willkürliches Herablaufen, wie es bei nassem Mörtel eintreten würde, zu vermeiden. Bei Großkonstruktionen aus Eisenbeton hat die Verwendung trockenen Mörtels gegenüber dem in Nordamerika sehr beliebten Naßarbeiten zweifellos den Vorteil, daß man die einzelnen Massen planmäßiger und zuverlässiger verteilen kann und es nicht dem Zufall überläßt, wie sich das Material von selbst verteilt. Nur dort, wo die Eiseneinlagen sich häufen und sehr geringen Abstand haben, sowie auch bei Verwendung von Vorsatzmörtel für die Ansichtsflächen, wie z. B. bei der Querbahnsteighalle Leipzig, ist man zu nassem Arbeiten gezwungen.

Die unteren stark geneigten Teile der Kuppelrippen wurden etwa bis zur Hälfte ihrer Länge in gleicher Weise wie die Strebebogen auch am oberen Rücken eingeschalt.

Den Schluß bildete das Betonieren des Druckringes, der innerhalb eines Arbeitstages vollendet werden konnte (siehe Fig. 81). Um einen sorgfältigen Anschluß dieses Bauteiles an die Kuppelrippen zu erhalten, war bei der Herstellung des obersten Teiles der Rippen eine vorübergehende senkrechte Schalung eingebaut worden, um das Eindringen des Betons in die Druckringschalung zu vermeiden. Zur besseren Verbindung beider Bauteile wurden daher an diesen Stellen Ausklinkungen angebracht.

Die Ausführung der Laterne (Fig. 85) bot dadurch gewisse Schwierigkeiten, daß die Rüstung der vier Rahmenbinder durch den Mittelturm der Kabelbahn hindurchgeführt werden mußte. Die Rüstung für die Laterne war auf dem Druckring der Kuppel durch Sprengwerke abgestützt, sodaß die Ausrüstung der gesamten Kuppel vorgenommen werden konnte, ohne durch die etwas verzögerte Ausführung der Laterne beeinträchtigt zu werden. Die senkrechten Pfosten der kräftigen Laternenrahmen waren im Druckring einbetoniert worden. Um das Sprengwerk im Scheitel möglichst zu belasten, wurde der mittlere volle Körper, der gewissermaßen den Schlußstein des ganzen Bauwerkes bildete, zuerst betoniert und dann erst die senkrechten und wagerechten Teile der Rahmen. Wegen der zahlreichen Eiseneinlagen, der großen Trägerhöhen und der dünnen Wände, die durch nischenförmige Aussparungen möglichst leicht gehalten waren, mußten diese Laternenrahmen ziemlich naß betoniert werden. Im Anschluß hieran wurden endlich die wagerechten Wände und die Decken zwischen den 4 Laternenbindern ausgeführt. Für die Aufbauten, die aus den senkrechten Säulen und den wagrechten Decken bestanden, waren die Fenstersäulen auf dem Bauplatz in Schalkästen fabrikmäßig hergestellt und sodann mittels der Kabelbahn versetzt worden. Diese Arbeit ging sehr leicht vonstatten, sodaß das Versetzen je einer der kleineren Säulen nur 10 Minuten in Anspruch nahm.

An der unteren Seite der wagrechten Decken für die Aufbauten waren zur besseren Wärmeisolierung und Schallwirkung Korkplatten von 3 cm Stärke vorgesehen, die im Innenraum des Bauwerkes sichtbar blieben. Diese Platten wurden einfach auf die Schalung verlegt und darauf der Beton der Decke aufgebracht. Durch Versuche hatte sich ergeben, daß eine besondere Befestigung dieser Platten an den Decken nicht erforderlich war, daß vielmehr die Haftung infolge des Ansaugens von Zementmörtel eine sichere Befestigung bildet.

Die Dachrinnen an den Aufbauten sind anschließend an die wagrechten Dachdecken ebenfalls in Eisenbeton ausgeführt und an Stelle der sonst üblichen teueren Zinkabdeckung mit Pappolëin ausgekleidet, das hier allgemein für die Eindeckung der Dachflächen verwendet worden ist.

Die Ausrüstung der Kuppel erfolgte mit rund 10 Wochen Alter, als schon sämtliche Aufbauten betoniert waren. Die Gerüstschrauben wurden in einem bestimmten Rythmus entsprechend der zu erwartenden Biegelinie abgesenkt und zwar an allen Rippen zugleich. Als Durchbiegung im Scheitel wurden i. M. 15 mm gemessen, als Verschiebung der Lager in radialer Richtung 3,8 mm, während 3,9 mm berechnet worden waren.

Der gesamte Bau wurde etwa innerhalb $1^1/_4$ Jahr ausgeführt. Für vorzeitiges Fertigwerden war eine Belohnung von 300 M. pro Tag gegenüber der Verzugsstrafe von 500 M. pro Tag festgesetzt. 6 Wochen vor dem vertragsmäßigen Termin konnte der Bau feierlich übergeben werden, sodaß der Firma Dyckerhoff & Widmann A.-G. der Höchstbetrag der Belohnung von 10000 M. zuerteilt werden konnte. Nicht zuletzt ist dieser Erfolg auf das harmonische Zusammenarbeiten der Bauverwaltung und der ausführenden Firma zurückzuführen. Es wäre nur zu wünschen, daß ein solches auf gegenseitiger Achtung gegründetes Zusammenwirken zur Erzielung eines technisch vollbefriedigenden Bauwerkes und im Interesse eines raschen Baufortganges allenthalben Anwendung finden würde.

Hervorgehoben sei hier noch die Leistung der Zementindustrie. Die Zementfabrik „Silesia“ in Oppeln hat im Gefühl der großen Verantwortung so umfangreiche Versuchsreihen zur laufenden Prüfung des bei diesem Bauwerk verwendeten Portlandzementes ausführen lassen, wie sie bisher wohl noch nicht vorgenommen wurden, aus denen sich eine vorzügliche Gleichmäßigkeit und Güte ihres Fabrikates erwiesen hat.

Wie bereits eingangs erwähnt, ist der architektonische Entwurf ein Werk des Stadtbaurates Berg. Die grundlegende statische Berechnung des Haupttragwerkes ist von Stadtbauinspektor Dr.-Ing. Trauer aufgestellt worden. Die Ausführung des Bauwerks mit allen vorausgehenden Studien und umfangreichen Berechnungen war die gemeinsame Arbeit der Bauverwaltung und der ausführenden Firma. Der Aufgabe entsprechend waren an der Durcharbeitung und Bauleitung Architekt und Ingenieur gemeinsam beteiligt, und zwar lag seitens des Bauamtes die Bauleitung den Stadtbauinspektoren Schreiber als Architekten und Dr.-Ing. Trauer als Ingenieur ob, die örtliche Bauleitung dem Bauassistenten Matthes und Dipl.-Ing. Dr. jur. Meyer, der auch an der Durchführung der Berechnungen der Bauverwaltung großen Anteil hat. Unter Leitung von Prof. Dr.-Ing. Gehler war mit der Entwurfsbearbeitung im technischen Bureau der Firma Dyckerhoff & Widmann A.-G. Dipl.-Ing. Schulz, mit der örtlichen Bauleitung Dipl.-Ing. Bechtel betraut.

GPSR Compliance

The European Union's (EU) General Product Safety Regulation (GPSR) is a set of rules that requires consumer products to be safe and our obligations to ensure this.

If you have any concerns about our products, you can contact us on ProductSafety@springernature.com

In case Publisher is established outside the EU, the EU authorized representative is:

Springer Nature Customer Service Center GmbH
Europaplatz 3
69115 Heidelberg, Germany

Batch number: 10682323

Printed by Printforce, the Netherlands